ルガール

ブルターニュから、
バターとクリームチーズの
贈りもの

Le Gall
QUIMPER DEPUIS 1923

編著
大澤祥二

芸術新聞社

アンチNIZOを貫き半世紀、
大量の前発酵バターの生産を今も続ける乳業会社SILLの
社長ジル・ファラハン氏にこの本を捧げます。

Je dédicace ce livre à M Gilles Falc'hun ,
président de Sill Entreprise,
pour sa perséverance Anti NIZO et la continuité de la production
traditionnelle de beurre lactique fermenté depuis plus de 50 ans.

BEURRE DU
FINISTÈRE
À LA Crème
MATURÉE
le gall
Maître Beurrier
QFB selection
FR
29.209.90
CE

はじめに

「面倒臭い」「水臭い」「辛気臭い」「ガス臭く」って「胡散臭い」「臭い飯を喰い」「照れ臭い」というふうに「クサイ」が付くとどうも様子がよろしくないのが日本語です。

そこで取って置きをもう一つ「バタ臭い」……これはどうやらバターが標的になっていて、「西洋カブレを揶《や》揄《ゆ》する言葉」とスラスラ答えられるのは、私を含めソコソコの年配の日本人ではないでしょうか?　要するに「バタ臭い」はソロソロ死語になりかけの、それもかなり外国語に翻訳しづらい極めて日本的な俗語だと思うのです。

「バターは臭いモノ」と一般人が嫌った時代の日本のバターがどれほどのモノであったのか?　今となっては知る由もありません。が、しかし、「バタ臭い」が死語になったというのであれば、「バターが臭くなくなったのか?」はたまた「バターを臭く感じなくなったのか?」愚にもつかぬ問答かも知れませんが、バターが現世の日本から消えて無くなったわけではないので、きっと我々日本人は充分に“西洋カブレ”してしまったのでありましょう。

西洋社会にとって、バターやチーズやヨーグルトなど乳製品は伝統的になくてはならない基本食材です。その西洋の国々が自国に乳業を持つことは当たり前ですが、西洋以外で、日本ほど自前の乳業に執着する国を私は知りません……少なくともこれまでは。大体が、還元乳ではない均一化された国産の殺菌乳をミネラルウォーターより安く売っているような国が、乳牛の数が人口を上回るような西洋社会のいわゆる乳業国以外どこにあるのでしょうか?

不思議の国、日本の面目躍如であります。

「EU全体の2倍以上のバター生産量を誇る世界一の乳生産国インドはどうな

んだい?　イギリスの植民地ではあったが西洋ではあるまい!」と問われる向きもあるでしょう。確かにインドは西洋ではありますまいが、ヒンドゥー教徒の多いお国柄。肉を摂取出来ない菜食主義の教義も 乳の摂取は認められていて、実は乳製品が肉に代わる大事な蛋白源や脂質源になっているのです。魚も肉もなんでもござれ、の我々日本人とは乳製品の貴重度が違います。

我々一般の西洋カブレの原点は、何と言っても敗戦でしょう。ミルクに限って考えても、米国からの援助物資だった脱脂粉乳は、かつての日本の児童の貴重な蛋白源になりました。ただ、バターの副産物としての脱脂粉乳は当時は世界的に家畜の飼料以外にほとんど使い道がなかったのも事実。まさか米国が日本人を家畜扱いしたとは申しませんが、まさに、耐え難きを耐え忍び難きを忍ぶ戦後だったのは間違いないでしょう。だからこそ日本の農政リーダー達は、歯を食い縛って食糧安保・自前の乳業を目指したのではないでしょうか。その成果の第一歩が、あのアルマイトの器で飲まされた給食の脱脂粉乳がガラス瓶に詰められた牛乳に変わった瞬間だったと思うのです。東京の学校給食では、大阪万博に先立つことほんの数年前のことだった筈です。

風呂上がりに、バスタオルを巻いた腰に左手を置いてコップ一杯の牛乳を一気飲みするのが、私の日課の一つです。醜い構図はヒラにお許し頂くとして、どうもこの「牛乳を飲む」という生活習慣はヨーロッパでは廃れたように思います。カフェオレはフランス語ですが、彼の地の朝食でカフェオレを飲んでいるのは、日本人が多く、英語を話す人達もシリアルや紅茶やコーヒーまちまちですがミルクをたくさん摂っていることが見受けられます。お疑いの向きは、フランスに旅行された機会にホテルの朝食室をどうぞご観察頂きたい。フランス人の朝食はおしなべてバケットにバター、フルーツジュースあるいは青果それにブラックコーヒーで牛乳の代わりにヨーグルトといったところでしょうか。私には、フランスからカフェオレが消えたように見えます。

20年ほど前になるでしょうか、リュック・ベッソン監督の『レオン』という仏米合作のアクション映画をご記憶でしょうか? 人気俳優ジャン・レノ演じるところの殺し屋レオンの食事はもっぱら「牛乳」でした。殺し屋としての腕は一流だが無学で、一般人とはかけ離れた時代遅れな存在レオンを、端的に表現するベッソン演出に感心し唸《うな》ります。映画『レオン』の製作スタッフはフランス人でしたが、ストーリーの設定は米国・ニューヨークでした。シリアルの朝食などの例を上げるまでもなく、米国ではヨーロッパに比べ牛乳を飲む習慣が多いとは思いますが、実は、あの「牛乳好み」だけで、レオンが世の中のスタンダードからは外れた人間なのだと、少なくともフランスの観客はあの時直感していた筈です。すでに、当時から牛乳を飲む文化がフランスでは廃れていたからです。

話を戻しましょう。私は、「バタ臭い」が死語になりつつあるそのワケには日本の乳業の発展が一役かっているのだろう? と思っています。半世紀の間に国産の牛乳が身近にある生活が当たり前になっています。当たり前になって、それで我々はどんな風に「西洋カブレ」したのでしょう? 牛乳アレルギーの人は別として、「牛乳好み」の文化がかなりの確率で日本人に浸透し、「ミルキーテースト」や「ミルキーフレーバー」が日本人の伝統的な好みの味や風味に加わったのではないだろうか? と私は考えているのです。

幸運にも過去多くの中間原料や商品の企画開発に参加させて頂きました。その中で、クライアントの皆さんが私に要求されるのは、ほとんどの場合、この「ミルキーテースト」「ミルキーフレーバー」とコストとのバランスでした。バタ臭いと西洋カブレを揶揄した人々の末《まつ》裔《えい》は、いつしかミルキーなバターを嗜好する西洋カブレになったのです。それは、この国の国内産の牛乳のお陰だと思っています。

バターについては、どのような種類のモノが、対象となる食品に合うのか? あるいはどうすればその食品は消費者の賛同を得られるのか?　ばかりを、一方、クリームチーズついては、どのような作り方をしたら日本人の味覚に合うモノになるのか?　ばかりを私は考えてきました。生業です、仕方のない仕儀です。僭《せん》越《えつ》ながら、そんな試行錯誤の連続で今年2015年は独立後20期目に当たり、還暦も目の前に迫りました。2015年4月からはEUの生乳の生産枠が撤廃され、行く先は不透明です。日本の乳業も大きく変わらざるを得ないだろうTPP妥結も間近です。次なる西洋カブレは如何なるものなのでしょうか?

なにか新しいことをしなければ、と気持ちは焦るばかりですが、残念ながら知恵がありません。ならばここで一回整理をしておこうと思い当たりました。ウェブサイトを作れ、とのご指摘もいろいろな方から頂きましたが、すぐに炎上しそうで怖くてやめました。本ならば、焚き火の足しくらいにはなるでしょう。この本の内容は、ご登場願った方々には誠に失礼ですが、雑多極まりなくカオスそのものです。

が、ただ一つ、ルガール・ブランドをキーワードにして、食べ物やお店を紹介させて頂き、皆さんにもう少しルガールのバターやクリームチーズを知って頂こうという趣旨で作られました。つらつらページをめくって頂ければ幸いです。

c o n t e n t s

はじめに　4

Chapter1.　**「ルガール」ができるまで**　15

1 産地／2 運搬距離／3 原料乳／4 製法

「ルガール」のバター／「ルガール」のクリームチーズ／

「ルガール」の25gバター

Chapter2.　**フランス・フィニステール紀行**　33

フィニステール座談会　34

エッセイ

・坂崎重盛 **「シゲモリ先生『甘い生活』の本拠地・ブルターニュ初見参の記」**　40

・浅生ハルミン **「フィニステールで会ったひとたち」**　52

・石田 千 **「夜中のダンス」**　60

Chapter3.　**「ルガール」でつくる**　65

・パティスリー ラ スプランドゥール　66

・ワインバー ぶしょん　74

・NINi　78

・作一　88

・串の店 うえしま　92

・フルーツカクテルバー しゃるまんばるーる　94

・寿司つばさ　98

・otto　100

・とんかつ自《じ》然《ねん》坊《ぼう》　104

・ゑびす堂　106
・ル マノアールダスティン　108
・ステーキ島﨑《しまさき》　114
・季節の海産物と畑のフランス料理　ヌキテパ　116
・お菓子のアリタ　124
・ビストロ ペシェミニヨン　128
・シャトレーゼ　135
・とりやき八　140
・メゾン ド ヴァン鶉《うづら》亭　143
・pain《パン》 stock《ストック》　148
・ダイニングバー とら　150
・キルフェボン　156
・ラ フェ ミュルミュール　166
・WHOLE SQUARE　174
・ADEKA　176

コラム

・フランスは発酵バターの国　10
・ブルターニュの乳業史　12
・ルガールの成り立ち　14
・原発のないブルターニュ　19
・若い乳牛が多い、その理由　24
・チーズケーキについて　80
・UFとは　84
・UFユニット桃山ばなし　86
・日本でのルガール・ブランドのバター　96
・バターとクリームチーズの輸入と関税　103
・有塩バターと無塩バター　112
・ブルターニュ原産（特産）のチーズがない不思議　126
・パリの牡蠣小屋　134
・前発酵と後発酵　136
・頑《かたく》なに前発酵　138
・提案!　テーブルロールルガール　154
・冬バター、とは？　178

索引MAP　182
ルガール・ブランド商品の取り扱いについて　183
おわりに　180

column

フランスは発酵バターの国

日本の消費者には、玄人はだしのいわゆるエンスーな食通の方がたくさんおられます。この傾向は他国では考えられないほど高くて、日本人の食への関心の高さを物語る一つのバロメーターだと思っています。そんな日本にあって、いまさらながらに発酵バターについて説明する意義がどれだけあるのか、少々懐疑的ではありますが、簡単乍《なが》ら、本書の性格上触れておかなければなりません。食通諸氏どうぞご了承の程を。

発酵バターの本家は間違いなくフランス本国やベルギーのフランス語圏で、続いてその周辺のスペイン、イタリア北部、ドイツ西部なども発酵バターが生産と消費の大勢です。特徴的なのは、フランスの旧植民地だった国々での、大量生産のパンや菓子に使用されるバターは価格優先の場合が多くその限りではありませんが、直接消費、つまりテーブルバターや料理用バターの消費の中心は発酵バターであり、スィートクリームバター（＝無発酵バター）ではありません。食物の嗜好《しこう》は文化的なつながりによるものが大きいことを改めて知らされます。

ヨーロッパの酪農国として知られるドイツ、アイルランド、ポーランド、オランダ、デンマーク、それにベルギーのフラマン語圏では、消費の大半はスィートクリームバター（無発酵バター）です。発酵バターの生産もありますが、殆《ほとん》ど輸出に回っています。輸入国の注文次第といったところでしょうか。

その傾向は、英語圏の国々になりますともっと顕著で、豪州、NZ、米国、英国は、生産・消費のほぼ全量がスィートクリームバターです。同様に、米英の旧植民地の消費の大勢は無発酵バターです。因みに日本のバターのマジョリティーはスィートクリームバターです。敗戦後の米国文化の影響からでしょう。面白いのは、フランス語も公用語となっているカナダのケベック州は、発酵バターとスィートクリームバターが半々の消費であることです。

誤解を恐れず、記号的に分別すると、ラテン系が発酵バターでアングロサクソン系がスィートクリームバター（無発酵バター）と言えるでしょうか。兎《と》に角《かく》、発酵バターの生産と消費の中心はフランスです。

では、フランスのバターの消費事情は如何なるものでしょうか。一言で申し上げれば、市場で出回るものの99.9%が発酵バターです。つまり、彼の地でバターといえば、自動的に発酵バターを指します。フランスではバターをブール（beurre）と呼称しますが、ブールファーメンテ（発酵バターの意、英語ではlactic butterあるいはfermented butter）などは乳業関係者以外決して使わない単語です。市場で出回る全てが発酵バターなのですから、わざわざ「発酵バター」などと一般消費者は呼称する必要が無いし、そもそも「フランス産バターが発酵されているとどれだけの消費者が意識しているのか?」と一度アンケート調査をしてみたいと思うほどです。

さて、ここで少々ややこしい話をひとつ。我々が専門用語として使っている「スィートクリームバター＝無発酵バター)」という言葉を一般のフランス人(素人)に投げかけると、殆どのヒトは「ブールドゥ(beurre doux)」のことだと答えるというお話です。BEURRE DOUXは「無塩バター」の意味ですが、DOUX自体に「甘い」という語彙もあるための混同です。スィートクリームバターには無塩・有塩両方ありますが、ブールドゥは無塩でしかありえません。フランスには如何に無発酵バターが存在しないか、の証です。

今度は、生産現場に目を向けましょう。

製法と装置に幾つかのバリエーションがあることは別項で詳述しますが、フランスのバターの生産現場においては、スィートクリームバターは間違いなく特注品になります。と言うより、恐らくフランスの殆どのバターメーカーがスィートクリームバターの生産を引き受けないでしょう。曰《いわ》く「スィートクリームバターなら、何もフランス人に頼む必要もあるまい!」となる筈なのです。この辺の事情は、日本の食品会社や商社のモノ知りの方々の間では既に常識になっている筈です。

個人的意見になりますが、フレンチを冠する食べ物のレシピーでバターが含まれる場合、そのバターは発酵バターであることが、ある意味大前提になると思います。

つまり、有塩無塩に拘らずテーブルバター然り、クロワッサン然り、タルト然り、ソースのブールブラン、ブールノワール然り、クレープ生地のパンフライ然り、発酵バター使用がフレンチということです。スィートクリームバターを使ったフレンチは、フレンチのようなもの、あるいは米国経由で伝わったフレンチとでも言いかえるべきではないか、と個人的には考えています。読者の皆さんには、執筆者がそんな考えに立っているとご承知頂いて、本書を読み進めて頂けますと幸いです。

一度発酵バター使用のクロワッサンと無発酵バター使用のクロワッサンを同時に食べ比べていただくと、その違いははっきりすることでしょう。直接にバター自体を味わい比較するより、ベイクしたものあるいは調理したもので比較すると、発酵バターとスィートクリームバターの違いは一層くっきりお分かり頂けるでしょう。

少々、押し付けがましくなって恐縮です。しかしこれは、味の良し悪しを指摘するものではありません。それは個人の趣向の問題です。ただ、フランス流を標榜するのであれば、少なくともスィートクリームバターではなく自動的に発酵バター使用になる筈、と申し上げたいだけのことであります。

20年以上前になるでしょうか、フランスで修業され帰国後フランス料理店を出されたオーナーシェフに、「どうしても修行時代のソースの味が出せないので、国産バターにヨーグルトを足している」と聞かされたことがあります。僭越《せんえつ》ながらその時は、フランスと日本の乳業事情の違いと国産の発酵バターの存在をお教えしました。現在はそんなことは無いでしょうが、昔は料理人さんたちでさえ、バターに対す認識はその程度だったのです。

column

ブルターニュの乳業史

1950年代のブルターニュの乳業

その形態は今日では考えられないほどシンプルでした。農家が搾乳して、個々に飲料乳・クリーム・バターを作り、町場の商人がトラックで毎日買付に来て、消費地で売りさばくというものでした。当時の農家がバター製造の為に使っていたのが木製のチャーニングドラムです。バターを発酵させたのは、発酵させて腐敗を防ぎ流通時間に耐えさせたからと言われています。バター商人は買い付けたバターを自分のブランド名の入ったパーチメントに定量包装して、町場の中心にあった市場や自分の店で販売したのです。写真は、SILL社の現在の社長ファラハン(Falc'hun)氏の先代が使用したパーチメントです。SILLの前身はバター商人だったことを物語っています。

1960年代のブルターニュの乳業

1960年代にブルターニュの乳業を含む食品加工業は一大変革されました。第二次大戦後の食糧安保政策により、中央政府から多くの補助金がブルターニュに払われたのです。一説に、ケルト人によるブルターニュ独立運動を抑制する意図も含まれていたと言われています。表向きは、シャルル・ドゴールの亡命政権に追従した多くのブルトン(ブルターニュの)パルチザンへの恩義にドゴール大統領が大戦後に報いた、という政治美談がよく語られます。

それ以降のブルターニュの乳業

乳業の一大変革は、農業組合系の乳業会社と商人系の乳業会社をつくりました。前者は、農家がユニオンを作ってバターや乳粉やチーズの製造施設を建設運営し、後者は商人が独自に乳業施設を建設運営し、今に至っています。結果として、ブルターニュはフランスの生乳生産の概ね四分の一を担っていて、名だたる乳業会社の工場が置かれています。ブルターニュ無しでフランスの乳業は語れません。乳製品はミルクがなければ造れませんし、乳牛は豊かな牧草がなければミルクを出しませんし、牧草は寒暖の差が大きくなく湿潤な土地柄に好んで育成します。自然環境と莫大な投資と勤勉な人柄が幸運にも揃って、現在のブルターニュの乳業を築きました。

掲載写真は、ブルターニュの大戦後の乳業のスタートラインを物語る格好の資料でしょう。

Poids net : 500 grammes à l'empaquetage
BEURRE
LAITIER
DEMI-SEL
Y FALC'HUN
BOURG-BLANC
Poids net : 500 grammes à l'empaquetage

column

ルガールの成り立ち

1924年ブルターニュ地方フィニステール県都カンペールで、ルガール夫妻によってバター工場「ルガール」は起業されました。

ルガールは、1978年に同じくカンペールにある農協系乳業会社アントルモンに買収された後、1993年にフィニステール県ブレスト郊外プルーヴィエンに本拠を置く乳業私企業SILL《シル》に買収され今日に至っています。

現在のルガールは、SILL社製品、特に、バター、クリーム、クリームチーズのトップブランドとして、長い歴史に新たなページを加えています。

長い間、ブルターニュでは最も名の知れたご当地バターであるばかりでなく、パリなど大消費地では、ブルトン(ブルターニュの)バターの代表として知られています。

特に、SILL社に統合されてからは、親会社SILLの本社プルーヴィエン工場で生産される新鮮な原料クリームが供給担保されることにより、飛躍的にその生産量を増やすことができました。

Chapter1.

「ルガール」ができるまで

ルガールができるまで ①

産地

「ルガール」はブルターニュ地方の最西端
フィニステール県で作られています。
可耕地が広く気象条件にも恵まれている
フランスは、西欧最大の農業大国といわれ、
食糧自給率110%超を誇ります。
フランスの西端に位置するブルターニュは、
三方を大西洋に囲まれた豊かな自然に恵まれた土地です。
ブルターニュとは「ブリテン島（イギリス）から来た人」の
意味で、フランスにありながらケルト文化を
現在まで色濃く残す地域です。
4県（コートダモール、フィニステール、
イル エ ヴィレーヌ、モルビアン）から成り立つ
ブルターニュですが、中でもこのフィニステール県の
酪農家一軒あたりの生乳生産量は、ヨーロッパ1です。
フィニステールは、ブルターニュの最も西側に位置し、
寒暖の差が少なく、また降水量が多く湿潤なため、
豊かな牧草地が広がる有数の酪農地域です。

ヨーロッパ
西ヨーロッパ
西ヨーロッパ
フランス
フィニステール
ブレスト
コート・ダモール
ブルターニュ地方
レンヌ
カンペール
イル・エ・ヴィレーヌ
モルビアン
ブルターニュ地方
パリ
ル・マン
フランス
リヨン
ボルドー
マルセイユ
ニース

現在、バターやクリームチーズの原産国の記載は、最終的に製造される工場立地となっています。しかし、それでは肝心な「原料乳はどこから来たのか?」が分かりません。様々な商品の原料乳搾乳地を追った結果、原料乳が、記載の原産国で搾乳されていないものもあることが分かりました。例えば、原産国がフランスと記載されていたとしても、原料乳は別の国から送られてきた可能性もあるということです。しかし、「ルガール」はブルターニュ地方フィニステール県の酪農場で育った牛のみから搾乳された原料乳を、同地域の工場に運び製造を行い、「他の地域の原料乳を買い求めません」。
「ルガール」のバターやクリームチーズには「産地認定証」マークがついています。

PRODUIT EN BRETAGNE

「産地認定証」とは……ブルターニュ産の素材を現地で加工した製品だけに使用が認められている、産地認定証のロゴマークです。

column

原発の無いブルターニュ

フランスは原子力発電の盛んなお国柄です。東日本震災後の福島原発の高濃度汚染水を浄化する設備をフランスのアレヴァ社が提供したことなどは、まだ記憶に新しいニュースです。

そのフランスにあって、ブルターニュは原発を拒絶した珍しい地域です。実は、過去ブルターニュにもフィニステールのブレンニリスに原発がありましたが、30年前1985年に廃炉となりました。根強い住民運動と素早い政治判断の賜物《たまもの》でした。農業、畜産業、水産業、それに関わる食品加工業に従事する人口が多いこの地は、住民の多くがケルト系で他地域に比べて郷里保全に向かって一致団結する気運が高いのかも知れません。

福島原発の事故後、「ブルターニュ産の乳製品は問題無いのか?」というお問い合わせを数多く頂戴しました。過剰反応だと感じながらも、仕方ないことなのかも知れないな、とつくづく思いました。「何かあれば、とっくに輸入規制がかかっていますよ」と私は返答し、商社勤めだったころの、チェルノブイリの事故後の日本の対応を思い出しました。

ブルターニュには原発が無い、などと余り本稿には関係無いかも知れませんが、ブルターニュがどんな処かを知って頂く一端として……。

ルガールができるまで ②

運搬距離

運搬手段が発達した結果でもありますが、
多くの乳業工場が時に極めて遠隔地から原料乳を集めています。
乳業会社同士の原料乳の獲得競争がその一因です。乳業会社には、
製品の生産と販売の前に、原料乳の確保という大仕事があるのです。
ルガール・ブランドのバターやクリームチーズには、
工場から40km以内・タンクローリーで
概ね1時間以内の酪農家が生産した原料乳のみが使われています。
搾乳地から乳製品工場までの距離が遠ければ遠いほど、
また時間が長ければ長いほど、原料乳の品質は劣化します。
原料乳は振動や温度変化に大変影響を受け易くデリケートで、
ちょっとした刺激によって分離し、乳化状態が壊れてしまうからです。
ルガール・ブランドのSILL社は、近隣の大規模酪農場との
円満な契約を礎に、搾乳から製品までの時間を出来るだけ短くして、
バターやクリームチーズの品質を保っています。

ルガールができるまで ③

原料乳

フィニステールの乳牛は、
概ね5歳未満にスロッターされ、食肉市場に回されます。
つまり、この地域の乳牛は他地域に比べ、
平均年齢が若いのが特徴です。
若い乳牛からは、より多くの生乳が搾れるばかりでなく、
その生乳1リットル当の乳成分（脂肪分と蛋白分）が
より多く採れるのです。若い乳牛による酪農は、
生乳を売る側（酪農家）・買う側（乳業工場）両者にとって
経済的にも品質管理に於いても効率的ですが、
酪農家は、乳牛の次世代を常に備えなければならず、
必然的に大規模酪農場にならざるをえません。

2922

ARIZONA
CLASSIC CAR

column

若い乳牛が多い、その理由

ブルターニュ、特に本件SILLの本拠地フィニステール県は、一頭当たりの生乳生産量が 年間10トンと、フランス国内で最も大きいことで知られています。因みに、ブルターニュ平均が8〜9トン、フランス平均7〜8トンです。また、生乳1リットルあたりの脂肪分がフィニステール県産乳では平均42〜44gもあり、フランス平均の38gを大きく上回っています。

この違いはどこから来るのか？　と酪農家や乳業会社の生乳買い付け担当者に訊いて回ったことがありますが、みな「飼料をたくさん与えるから」と答えるばかり。

もう10年近く前になりますが、自動搾乳機（LELY社製）を持つ当時最先端の酪農場を視察して驚きました。乳牛一頭一頭に名前が付けられ、生乳生産量がコンピューター管理されていたからです。250頭の成牛と150頭の次世代の幼牛、それに200頭の豚を飼うこの農場はなんと家族4人で賄われていました。牛舎を見下ろす管理小屋にはパソコンが設置されていて、その画面には、乳牛一頭ずつ番号と名前が付けてあり、搾乳履歴と体温履歴と搾乳中の脂肪分と蛋白分、病歴、さらに生年月日・年令が記されていました。乳牛の耳には無線チップが着いていて、問題があるとコンピューターに告げられ、コンピューターは農夫のポケベルに異常を伝える仕組みになっていました。

この時、「乳牛に適した環境」などという世によくある宣伝文句が、何と安っぽく陳腐な響きしか持たないか悟りました。フィニステールの酪農がしっかりインダストリーになっていたからです。

長らく、EUでは酪農家個々に年間の生乳生産量の上限を定め、それを上回ったものに厳重なペナルティーを課してきました。EU域内で消費しきれなかった乳製品は輸出されることになるわけですが、EUの乳価は世界的には日本に次いで高く、世界市場でEU産

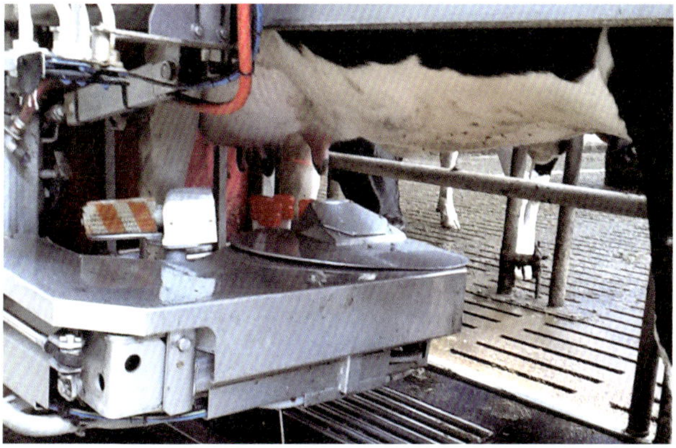

の乳製品を捌くには輸出補助金が必要でした。その輸出補助金を削減すべく生乳生産量に枠をはめたのです(このシステムは2015年3月31日を持って廃止され、酪農家は思うがままに生乳生産に勤しむことができるようになりました)。

この30年以上に渡って実施された生乳生産量の枠は、けだしEUの乳業に大きな変化をもたらしました。まずは乳業会社の合理化に伴う買収・集約の動きと酪農家の巨大化と技術革新です。

酪農家が乳業工場に売り渡す乳価は4半期ごとに変わりますが、そのベースになるのは、生乳1リットルあたりの脂肪分と蛋白《たんぱく》分です。EUには総量に規制があるので、その含有乳成分を上げれば自ずと酪農家は潤います。EUの乳の総量規制が酪農の技術革新を呼んだことは間違いありません。

酪農の合理化は、単に農場間の売買によって農場自体が大きくなるというベクトルとは別に、生乳1リットルあたりの飼料コストやその1リットルあたりの乳成分含有量というベクトルを持つことになったわけですが、そこに搾乳の適齢期が加えられることになります。

フィニステールの酪農場では、ほとんどの乳牛が5歳未満でスロッターされ、食肉市場に回されます。若い乳牛からは、より多くの生乳が搾れ、その生乳中の乳成分もより高いからです。

このフィニステールにの生乳生産における費用対効果には、もうひとつ隠れた理由があることも記さねばなりません。20世紀末から今世紀初頭に世界的問題となった狂牛病の流行です。実は、狂牛病の発病例はあまねく乳牛年齢が5歳以上に限られます。フィニステールはもとよりブルターニュには過去、狂牛病の発症例がありません。

若い乳牛が多い、というのにはそれなりの理由があるのです。

ルガールができるまで ④

製法

SILL社ルガール・ブランドのバターの製法上最大の特徴は、
前発酵製法です。生乳をクリームと脱脂乳に分離した後、
原料となるクリームを発酵させてから攪拌《かくはん》してバターを作る方法で、
この分野ではフランス最大級です。

同じく、ルガール・ブランドのクリームチーズの
製法上最大の特徴は、ウルトラフィルター（*p84に詳述）の
工程を持つことです。
含有される蛋白質を傷めず、滑らかで均一な舌触りの
クリームチーズを大量に作ることができます。

SILL
To be stored in a dry and cool place
Stocker dans un endroit frais et sec
Stocker dans un endroit frais et sec
To be stored in a dry and cool place
SILL

column

ドラムチャーンと連続チャーン

連続チャーン

バター製造工程の中で、装置として最も重要なのがチャーニングです。原料クリームを攪拌してバターとバターミルクに分離する役割を担います。ドラムチャーニング製法と連続チャーニング製法の2種類がありますが、乳業会社が統合集約化され、バター工場が大きくなると、バッチ生産の伝統的なドラムチャーニングはロット生産の連続チャーニングに取って代わられる傾向にあります。

農家が個々にバターを作っていた時代は木製の樽を使っていました。現在のドラムチャーンは容量100〜500kgのステンレス製ドラムが一般的で、原料クリームを投入したドラムを回転させ攪拌し、バターとバターミルクに分離します。攪拌後、液状のバターミルクは排出され、“バターを取り出し”、包装工程に移します。一方、連続チャーンは、原料クリームを振動するパイプを通して攪拌し、分

ドラムチャーン

離後は圧力をかけられたバターが包装工程に"密封状態で連続して流れる"仕組みです。

ドラムチャーンの弱点は、ドラムからバターを取り出し包装工程に移す際、外気に触れる処にあり、落下菌を完全には防げないことです。連続チャーンは、その問題を解決し且つバターの均一性をもたらしますが、原料乳の供給体制も含め必然的に大量生産を余儀無くされます。

味覚は千差万別ですからバターそのものの好みは消費者に委ねられますが、伝統を大事にするフランスでは、物量的に希少なドラムチャーンによるバターにノスタルジックな付加価値を見出しているのでしょう。

「ルガール」のバター

1993年、SILLはルガールのバター工場を買収し、
ドラムチャーン工程ばかりでなくルガール・ブランドも受け継ぎました。
フィニステール北部の契約酪農場からの集乳体制を敷く、
SILL本社プルーヴィエン工場の豊富なクリーム生産を後ろ盾に、
ルガールバターはその種類と数量を飛躍的に伸ばすことが出来ました。
現在のバター年間生産量は、プルーヴィエン工場6千トンとカンペール工場
4千トンの合計1万トンで、ADEKAさんとの特別契約のスィートクリームバター
（無発酵バター）冬季限定製造品以外全て前発酵バターであり、
アンチNIZO（後発酵製法を採用しない）方針を貫いています。
品目は下記の通りです。

プルーヴィエン工場（連続チャーン工程）
前発酵バター無塩・有塩／無発酵バター無塩（冬季限定製造・ヨウ素値規定品）ADEKA特約

カンペール工場（ドラムチャーン工程）
前発酵・無殺菌バター有塩・無塩／前発酵・BIO（オーガニック）バター有塩・無塩
前発酵・赤ラベル（政府認定の伝統製法）バター有塩・無塩／前発酵・ゲランド塩入バター

「ルガール」のクリームチーズ

ルガールのクリームチーズは、伝統的な産物ではなく、フィニステールの
安定した原料乳を礎に、良質の原料クリームを自家生産しながらバターを生産する
SILLに提案し、2002年SILLによって新設された工場です。
原料クリームを他社から購入して作るクリームチーズとは、根本的に
成り立ちが異なります。一般にクリームチーズのオリジンは米国東海岸にあると
言われていますが、より良い原料クリームを求めて辿り着いた結果が、
フランス・ブルターニュ・フィニステール所在のSILLによる
クリームチーズの生産です。実現したそのクリームチーズには、
SILLのトップ・ブランドであるルガールが冠されました。
後発の強みかも知れませんが、更に良質の
クリームチーズを提供する為に、
ルガールクリームチーズの生産工程には
UF（*p84に詳述）が組み込まれています。

ラ フェ ミュルミュールを訪問し、ルガール
クリームチーズを持つルドリアン仏国防大臣

「ルガール」の25gバター

業務用のバターばかりでなくテーブルバターも、
との主にニッチな消費者の方々からのリクエストに答えて、
日本市場に投入されたのが本品です。
ドラムチャーンで攪拌されたバターに
ブルターニュ原産のゲランド塩を加えて、
味わい深く仕立ててあります。
ドラムチャーン製法のバターは、
フランスでは「ブールバラット」と呼ばれて珍重されますが、
デリケートな保管が求められるので、
日本向けには食べ切りサイズにしてあります。

Chapter2.

フランス・フィニステール紀行

フィニステール
（ブルターニュ）
座談会

イラストレーターにしてエッセイストの浅生ハルミンさん、作家の石田千さん、
坂崎重盛さんの三名が、ブルターニュ通で、この地のバター、クリームチーズの
アジア圏での普及をプロデュースする大澤祥二氏のアテンドによる
フランス最西端のフィニステール食べ歩き旅行。
クレープ、シードル、海の幸、デザートetc……と美味しいがたっぷり!

魅惑のバター、クリームチーズ、そしてシードル酒の地・フィニステールへ

ブルターニュ旅行の
ベストシーズンは六月か九月

坂崎　きょうは、われわれ浅生さん、石田さん、ぼくの三人が、大澤さんのアテンドで、フランス・ブルターニュの西端、フィニステールへ行ったときの、あの楽しかったときのことを思い出しつつ語り合ってみようということで集まっていただきました。あれからもう半年以上もたつんですね。

大澤　みなさんをお誘いしたのは去年のはじめ。ブルターニュを旅行するなら六月か九月と思ってるんですよ。気候がいいし、なによりカキがうまい。そしたらみなさん、善は急げということで、六月にスケジュールを空けていただいたので、決行！　ということになりました。

坂崎　ぼくもですが、石田さんも浅生さんもブルターニュは初めてでしたよね。

石田　はじめてでした。ブレストの街に着いて、最初に感じたのは、あれ？　空気の感じが、東北に似ているな、ということでした。青森の海沿いの五所川原とかに。空気が青く澄んでいる。さっと光が変わるところとか。

大澤　五所川原ですか！（笑）するどいなぁ。たしかに吹いている風の気配とかね。

浅生　それと、雲の流れがけっこう早くて、晴れているかと思うと、急に雨空みたいになるのね。わたし、最初、ちょっとドキドキ不安になったりした。天気がすぐ変わるので。

石田　そうそう、同じフランスでもパリとは光も空気もちがう。でも、ブルターニュの感じはなんだか行ったとたんに、懐かしかった。

坂崎　陽がかげると六月なのに肌寒い。ぼく、ブレストについてすぐジャケットを買ったもの。旅の思い出にもなるし。

大澤　あそこはフランスといっても北西の最端。ブレストのあるフィニステール県のフィニステールという名はフィニッシュ、「最果ての地」という意味です。面している海峡の向こうはイギリス。もともとブルターニュってブリテン島に由来するわけですから。

魅惑のクレープとカキとシードルの本場

坂崎　それで、なんでわれわれが、未知の地、このフィニステールを訪れたかというと、ぼくが大澤さんから、いつも聞かされていたバター、クリームチーズならブルターニュ、もちろん、クレープ、シードルの本場。しかもパリで三ッ星のカキの養殖場もあるって。で、今回、バター工場の見学がてら、どなたかと一度いっしょに行きませんかと誘われて、ふと思いついて、石田さんと浅生さんに、この話をしたら「行きたーい！」ということになって、大澤さんのお世話になったわけです。

浅生　楽しかったなぁ。また行きたいです！

坂崎　じゃ、ちょっとあのときの旅の話を思い出しつつ、しましょうか。

大澤　六月八日の朝に羽田を発って、時差があるので、シャルルドゴール空港から、その日の夕方ブレストに。

石田　つぎの日は降誕祭でしたかで祝日。車で近くの古い教会へ行きました

教会囲い地、プルガステル・ダウラス。

ね。

大澤　プルガステル・ダウラス。あの地域独特の聖堂囲い地にキリストの磔刑《たっけい》の彫像がありました。じつは、ぼくも初めて行った。

坂崎　石で造られた「キリストの一生立体絵巻」みたいで不思議な構造物だったなぁ。

黄身がぷっくら

浅生　お昼は「キャプテン・クレップ」っていいましたっけ、待望のクレープ。私がオーダーしたのは玉子とハムのクレープなんだけど、玉子の黄身が見たことないくらいぷっくらしてました。

大澤　石田さんは、たしかコンプレ、つまりハム、玉子、チーズののっかったクレープでしたね。

坂崎　クレープが香ばしくて、ほどよい歯ごたえがあって、じつにうまい！　シードルもじゃんじゃんお代わりして。そういえば、あのクレープリーで大澤さん、現地の知り合いと出会って、あいさつしてましたね。もうブレストの著名人！

大澤　彼女はつぎの日に行く予定のカキ養殖場の社長の奥さんです。

浅生　夜は別のホテルのレストランで食事でしたけど、とにかく、この旅行中、つねに最後はデザート。それと、ずっと昼間からシードルかシャンパンを飲んでましたよね。

大澤　いや、ここの人は普段の食事はかなり質素ですよ。シャンパンをふるまうのは歓迎の気持ち。

石田　ほんとうに、みなさんあたたかくむかえてくださって、食事をご一緒するときも、気どらない感じが嬉しかった。ふだんはどんな食卓なんでしょう。

大澤　パンとハムとスープとか、シンプルなものです。

三ッ星のカキの養殖場でランチ

坂崎　さて次の日の昼食が、お目当の三ッ星カキの養殖場レストラン。

大澤　プラタクムですね。

浅生　日本のカキに似たのや、ブロンとかいいましたね、丸いのや、手長エビとかロブスターっぽいのやらがドカーンと山盛りに出て。

石田　それを海の中で冷やした白ワインを飲みながら。あの席で大澤さんがお仕事をなさっている「ルガール」SILL社の社長とはじめてお会いしたんですね。

坂崎　ゆったり、ニコニコと、余裕のドンという感じの人ですね。そうそう、息子さんのプロデュースしているアルゼンチンの赤もガブガブと。それにしても、みなさんカキやエビをたくさん食べますよねぇ。

浅生　しかもそのあと、必ずデザートがくる。それがまた、とてもおいしくて。

乳しぼりがすべてコンピュータシステム

大澤　それからジョンアール牧場を見てもらいに行きました。ヨーロッパでもっとも進んだ酪農場の典型です。

坂崎　あれには驚いたなぁ。牛の乳しぼりがすべて自動というかコンピュー

SILL社の工場にて。

タでシステム化されている。

浅生　乳が張ると並んでゲージに入り、洗浄から乳に搾乳器を当てるのもすべて自動。

石田　えさの干草の掃除まで、円盤のようなロボットがススス−ッと滑ってゆく。

浅生　牛が気持ちよさそうに自分で背中にシャワーを浴びたりね。日本に帰ってからその話をすると、みんなにおもしろがられました。あのときも上の事務所のようなところで、これでもかというくらいシャンパンをごちそうになって。

大澤　大歓迎の意味です。

浅生　泊まった海岸ホテルも素適でした。ホテルの前に大きな灯台があって、実際にライトがまわっているの、初めて見た。

大澤　あそこはルコンケといってフランス最西端の場所です。

SILL社にSAKAZAKI菌が侵入

坂崎　つぎの日が、今回の旅の目的のひとつ「ルガール」のSILL社訪問。衛生管理が徹底していた。われわれは外部の人間ということで頭から全身、まっ赤な服を着せられて。

石田　あそこの研究室では坂崎さん大人気でしたね。大澤さんが名前を紹介したとき。

大澤　そうそう、クリームやバターを作る過程で絶対に入ってはいけない菌の名前がSAKAZAKIと言うんですよ。日本の学者の名前からつけられたようです。乳製品の研究者だったら、だれでも知ってます。

坂崎　そのヤバイ菌の名、サカザキがここに来た、というわけですか！　いや、まいりました。

石田　社員のかたがたもお昼になると皆さん家に帰って食事をとるのがいいなあと思いました。

大澤　いわばシエスタ。昔はもっと時間も長かったようです。

坂崎　SILL社見学のあとはロクロナンという古い教会のある町へ行きましたね。大澤さんがショップで縦笛を買ったりして。あれでコルトレーンの「マイ・フェイバリット・シングス」なんか吹いてたでしょ。

大澤　あのロクロナンはポランスキーが監督、ナスターシャ・キンスキー主演の『テス』の撮影に使われたんです。

坂崎　ぼく日本に帰ってから、ちょっと、この町のことを調べたら、人口が八百人前後と知って、びっくりした。それと、ブルターニュは『調書』のル・クレジオ、『嫉妬』のアラン・ロブグリエとも縁が深いようですね。

浅生　それと生涯、唯一の作品『荒れ

トリメンホテルと木彫りの牛。

た海辺』のJ・Rユグナンとかのイメージとか。この人、26歳で自動車事故で亡くなっちゃうんです。

坂崎　コアなファンがいるそうですね。

大澤　次の日は朝から「ルガール」視察。ミルクからバターをつくる工程、「ルガール」のドラムなど見てもらいました。

浅生　あのとき、バターがパッケージされる最終工程で、係の人が、こっそりという感じで、ポイッと石田さんにくれましたよね。

坂崎　えっ、気がつかなかったなぁ。いいなぁ!

大澤氏、牛を抱いて帰る

大澤　そのあとはカンペール観光。カンペール焼きの老舗「HBアンリオ」の工房とか、教会のある市街散策。

浅生　石だたみの舗道にそった古いビルの2階の出窓で猫が日なたぼっこしてました。

石田　あの町の路地裏の店でオブジェなんかを売っているショップで、大澤さん、抱えないと持てない大きさの木彫りの牛、見つけて買いましたよね。(一同笑)

大澤　たしかに旅行中だし荷物にはなると思ったけど、牛はぼくの仕事の恩人?　ですからね。しかも、あの牛、可愛かった。

石田　夕食は、その牛をとなりに置いて、あのハイクラスなホテルでフレンチをいただきました。

大澤　「Hotel Tri Men」(トリメン)ですね。あそこはブルターニュの中でも、もっとも予約のとりにくい、いわばスノッブなお忍びホテルです。あまり人に教えたくないですね。

浅生　料理もおいしかった!　それとデザートも。見た目も、とってもオシャレで。

石田　ブルターニュは素材を素直に楽しむお料理が好ましかったんですが、あのホテルの料理は、本格的に作りこんでいた。パリ風というか。

大澤　実際、お客はパリの人がバカンスで来たり、カンペールあたりのお金持ちとかが多いようです。

坂崎　城塞都市・コンカルノとゴーギャンが隠棲した美しい街・ポンタヴェン散策も楽しかった。二つの町でステッキ三本買っちゃった。

社長のお宅の庭で午後のシャンペンパーティ

石田　ブレストに戻って、「イストワール・ド・ショコラ」訪問も素敵でした。

大澤　「チョコレートの歴史」という意味ですね。ボスのクレマック氏はフラン

ケルト海を臨む。

ス百人のショコラティエの一人です。

石田　音楽からインスピレーションを受けてチョコレートをつくられているとお話されていましたね。

浅生　サッカーとか、流行ものもありましたよ。チョコレートづくりを心から楽しんでいる感じ。

坂崎　ブルターニュでは、ちょっと単なるフランス旅行では味わえない味と人に出会えました。それに「ルガール」ブランドのSILL社の社長の豪邸に招かれて部屋を案内していただいたり、庭で美しい夫人からシャンペンをごちそうになったり。

大澤　息子さんのお家にも呼ばれて、ここでもシャンペンランチ。

浅生　それとフィニステール最後の日の郊外の町のダンスパーティー。あれも楽しかったなぁ。

大澤　プレイベンですね。土曜の夜に開かれるんです。

石田　ケルト音楽の生演奏でしたね。

大澤　そうですね、ケルト系でしょう。石田さんは、すぐに輪の中に入りましたね。すごい行動力！　ハルミンさんも、はずかしそうに踊ってましたね。

坂崎　ぼくも、オズオズ、ブルターニュおばさんたちと手をつないで踊ったけど、ステップがむずかしかった。

石田　踊るの大好きなんです。中国では太極拳にもまざりましたし、日本全国の盆踊り、大阪ではもちろん河内音頭です。

まだまだ食べたりない、飲みたりない！

浅生　そうかぁ、話をしていたら、また行きたくなったぁ。夕暮れの教会の鐘の音が聞こえてくると自分が消えてゆくような気持ちになってりして。

大澤　また皆さんで行きましょうよ！

坂崎　あの、おいしいクレープやケーキもまだまだ食べたりない気がしてきたし、シードルだって、もっともっと飲みたい！

大澤　日本人が、まだ、めったに行かないところなので、これから、もっと知ってほしいですね。あの美しい海岸風景と、おいしいブルターニュの魅力を。

プレイベンのダンスパーティー。

ブルターニュ紀行

Bretagne
carnet de voyage
1

坂崎重盛

「シゲモリ先生『甘い生活』の本拠地・ブルターニュ初見参の記」

坂崎重盛氏が旧友でもある大澤祥二氏のアテンドにより、作家・石田千さん、イラストレーターにしてエッセイストの浅生ハルミンさんとともに、クレープとシードルで知られるフランス・ブルターニュ・フィニステールの地を訪れた。

そこは海岸線の光景が美しい景勝地であり、フランス有数のカキの養殖地でもあり、また、なにより、高品質のバター、クリームの生産地という。

当然、その原料を生かしたガレット・ブルトンヌやチョコレート、各種デザート（デセール）といった『甘い生活』垂涎の地でもある。世界各地、各町の路地・横丁の散歩者、シゲモリ先生も、ブルターニュ・フィニステールは初めてという、以下は、シゲモリ先生のブルターニュ初見参のレポート。

フランスの西北端に位置する都市・ブレストのホテル・コンチネンタルにチェックイン。

ブレストにほど近い海岸。風は少々つめたい。

ついにミルクとバターとクリームチーズの本拠地に参上することになりました。ケーキだ、クッキーだ、パフェだといったって、この、牛の乳からとった原材料がなければ洋もののスイーツの世界は成り立たない。

「シゲモリさん、ブルターニュへ行きません？　最中やどら焼きのことだけを食べ歩いているのならともかく、スイーツのこと食べたり書いたりしているのなら、バターの本拠地で知られるブルターニュを見ておくのも、いいんじゃない。あそこは、バターだけではなく、ご存知のごとくクレープとシードルの本場ですからね。それと、そうそう、カキがいいんですよ。カキったって、そこらのカキではありません。パリで三ツ星評価のカキの養殖場で、シードル、白ワインをグビグビ、絶品のカキ、エビをカッパエビセンがわりにパクパク食べようじゃありませんか!」

ブルターニュ紀行

Bretagne
carnet de voyage
1

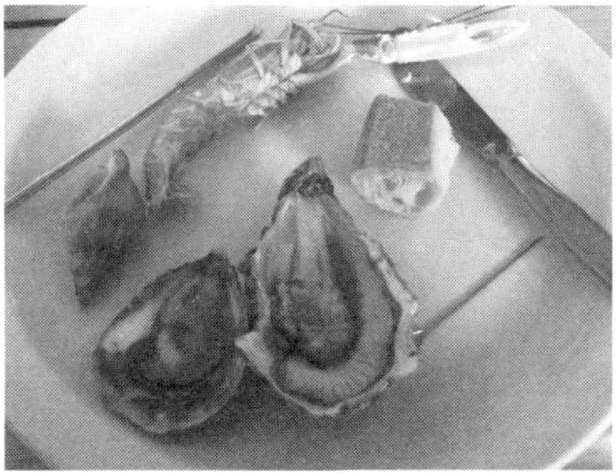

このワインに二種のカキに(丸いほうが高い!)とエビや巻き貝。
カキはもちろんだが、このエビが実に美味。

と、ブルターニュのバター、クリームチーズを日本に普及させて業界でこの人あり、といわれる平成の「魯山人」大澤祥二氏からのスイートなお誘い。思えば、この誘いは、今にはじまったことではなく、もう、二十年ほど前から、「機会があればぜひ」と言われていたのだ。

今回が、いままでとは違ったのは「どなたか女性もお誘いして」という話。「えっ、そうなんですか。いいんですか?　女性を誘って?」と急に乗り気となったぼくは、「だったら一人じゃなくて、二人、女性二人はどうかしら。一人よりも二人のが女性同士で行動もできるからいいんじゃないかしら?」と勝手な理由を開陳して、結果、楚々とした気鋭の女性作家石田千さんと、おとぼけエレガンスなレディ、イラストレーター浅生ハルミンさんに声をかけてみた。

お二人が超忙しい日々を送っていることは十分承知しているが、パックツアーでは行きにくい、フランス北西の地・ブルターニュ、しかもその最も端の、その名もフィニステール(最終地という意味らしい)に、牧場やバター工場、そして、ブルトン菓子、本場のクレープにシードル、三ツ星のカキにワインetc.と、大澤氏より聞いていた一夜漬け的知識をのべたてると、二人とも「行きます!」と一発回答。「スケジュールはとります!」と、心強い宣言。といっても、誰しもご同様と思いますが、海外旅行は飛行機に乗る前と、日本に着いてから後が地獄なんですよね。「しかし、この際、なんとしてでも行きましょう!」と決意も新たに、団結固く九日間の日本不在を確保するために、これ勤めたのでありました。そして、めでたく羽田に集結。エールフランス機に搭乗。ウェルカムドリンクのシャンペンをお代わりするうちに、大澤氏を含むわれら四名、早くも陶然たる気分となり、早や熟睡態勢となったのでありました。

覚めれば機内食の時間となり、例によってビール、ワイン赤白、食後はポルトワインと堪能して、またもや睡魔。体が、出発前にためこんだ睡眠不足をここで取り戻そうとしている。

このようにしてブルターニュ最西端の地、九日間の旅は始まったので

美しい塔の教会。現代建築よりもモダン?

並んで飼(干し草)を食べる牛。きちんと整列している。

す。そしてこの旅の光景は、いつも美しい海岸と海岸沿いの小さなホテルとレストラン、そして古い街区に必ずあるゴシック建築風の教会が強く印象に残りました。

とくに教会は、こちらがキリスト者ではないだけに、信仰の対象というよりは、異様な、しかし美しい歴史的建造物として、視覚的、空間的に、こちらの細胞に訴えかけてくるものがありました。

ところで、かんじんのバターの話。これが驚きました。まず、その搾乳の方法。見学したジョンアール牧場、これが、ヨーロッパで最も完璧な、最も進んだ牧場といわれるとおり、すべて自動、というかシステム化されている。

一番驚いたのが、やはり搾入。牧場で放牧されて草を食べていた牛が、乳が張ってくると牛舎をめざしてゆっくり歩いてくる。で、しずしずと順番に並ぶ。

搾入のゲイジに入ると、牛はちゃんと知っていて、おとなしくじっと立っている。すると自動的に乳の部分を洗浄するシャワーが下から吹き出、それがすむと、乳の部分に赤外線のビームが当てられ乳頭の位置を確認、それに搾乳チューブがスーッとセットされ、乳がしぼられる。乳の張りがまだ十分ではないのに並んでしまった牛は、乳の洗浄もされず、そのままスルーされる。見事に自動化されている。乳の部分ではなく、顔や頭部を洗いたい牛は、別にそれ用のシャワーがあり、牛は自分でその場に行き、気持ちよさそうに水浴びたりしている。

この自動システムにもびっくりしたが、もうひとつ、感心してしまったのは牛の意外な(?)頭のよさである。このシステムに牛自らが見事に対応、行動しているのだ。

この工程では、牛の乳はまったく見えない。大澤氏が、まるでチェスタートンの「ブラウン神父」みたいなセリフを口にした。「いいバターを味わいたかったら、どうしたらミルクを見ないですむかなんです」「とった乳をなるべく短い時間、新鮮なうちにバターを作る工場に搬入することにつきるんです」――と。

この牧場でしぼられた乳は、すぐに近くの工場に運ばれ、ブルターニュならではの発酵バター、SILL社の製品「ルガール」となる。

そのバターの味だが――いままで自分が食べてきたバターとは何だったんだろう、という驚きである。かつてスペインのあちこちを旅したとき、町のレストランやホテルのテーブルの上に、あたりまえのように置いてあるオリーブオイルの香りと味に(これまで日本で味わってきたオリーブオイルとは何だったんだろう)と感じ入ったことがあったが、今回は、それと同様のことがバターで起きた。

そうか!　このバターか!

旅行中、キャラメル、焼き菓子、クレープ、アイスクリームなどを口にすることになるが、それらの味のたっぷりとした豊かさは、ブルターニュの、このバター、クリーム、そしてクリームチーズに由来するのか、と合点がいったのである。

ちなみにブルターニュ(Bretagne)とはブリテンに由来する名であるという。

アンリオ・カンペールの工房で展示販売されていた
カンペール焼き。素朴な感じがいいですね。

斜めの板には、すでにクレープの溶き粉が。
焼き上がるのを待つ。
カメラを向けたら、少しテレたお姉さんが可愛い。

で、ブルターニュ地方、フィニステール県の中でもブレストに次ぐ第二の都市カンペール。カンペール陶器で知られた町——アンリオ・カンペールの工房兼売店を訪ねました。

赤、青、緑といった明るい色彩で描かれた、シンプルにパターン化された植物の花や葉。そこに帽子をかぶり、半ズボンやキルト(?)をはき、杖を手に立つ男の姿。ゴーギャン、ピカソ、セザンヌの作品の中にも描かれているという。

このアンリオ・カンペール工房のすぐ近くに、お土産屋さん風のショップがある。バターと甘く香ばしい香りがただよってくる。もちろんクレープを焼いている香りだ。店内の奥をのぞくと、やってるやってる!

薄いクレープを実演で焼いている。斜めの熱い鉄板(?)に溶き粉を塗り、焼き上がったらそれをロールで巻き取る。ま、クレープの紙漉《す》きといったらいいのかしら。

クレープを焼いている娘さんは多分、現地の人では。顔の彫りが深く、体型はがっちりしている。このブルターニュ旅行中、よく見かけたタイプです。

で、そのお店で売っていたバタークレープデンテーレ。ちなみに、beurreはバター、dentelleとはレースのこととか。このクレープ、きわめて薄く、ちょっと力を入れてつまむと、すぐに割れてしまう。食べるときも、噛むというよりは、そっと口の中に入れて溶けるのを待つのが楽しいし、美味しい。いきなりパリパリ噛んだりすると薄い破片で口の粘膜を傷つける気がする。

クレープも美味しく、かつ、その触感が面白かったのだが……、この店のレジ近く、ごく雑に陳列してあった塩バターキャラメル——これが舌ざわりが丸やかでバターの味が抜群！

これもクチャクチャッと噛むのではなく、口の中でゆっくりトロトロと溶かして味わうのが○（マル）と発見。

チョコレートもそうなんですよね。美味しいチョコレートは性急に噛んでは味も存分にはわからず、もったいない。ゆっくり口の中で溶かしながら味わうものであることを、ここブルターニュに来て遅まきながら知りました。

これぞブルターニュのクレープ。ぷっくりとした
卵の下にチーズ、ハムが。もちろんお酒はシードル。

日本に持って帰ったら、包装の中では一部コナゴナに
なってました。本当に薄いデリケートなクレープです。

左:看板が可愛くてスナップ。なんか昔の田河水泡の「のらくろ」みたいだなぁ。

右:クレープに巻かれたアイス。上の葉はミント。テーブルのタイルの数字は現地で買い求めた。この日は旅の友の誕生日なので、その数字。ちなみに靴は針山

逆にスプーンでパクパク、ときにはクチャクチャにかきまわして食べたほうが美味しいのがデザート(フランス語ではデセール)のパフェとか。とはいっても一流のパティシエによるそれは一種のアートでしょうから、そのオブジェの外観もたっぷり楽しみながら味わいたいもの。

そして、フランスに来て、町を歩けばあちこちでチョコレートショップに出合うわけですが、ここブルターニュで驚いたのはブレストのHISTOIRE de CHOCOLAT「イストワール・ド・ショコラ」(「チョコレートの歴史」とでもいう店の名)というお店。お店に一歩踏みこむと、なぜか、高級ワインが置かれているカーブのような香りがする。これはカカオの香りだろうか、それともなにかボンボンショコラのためのベリーかなにかの香りなのだろうか……。

などと思いつつ、店内の中ほどあたりを見ると、背丈の半分くらいの高さのオブジェからこげ茶色の生チョコレートがトロトロと流れ落ちている。いわばチョコレートの噴水。やるんですよね。フランス人って、チョコレートで、こういう遊びを。

坂崎重盛

「シゲモリ先生『甘い生活』の本拠地・ブルターニュ初見参の記」

このショップでのチョコレートのディスプレイは、チョコ噴水にとどまらなかった。チョコレートによるスカルプチャー、彫像が店内のあちこちに。女性の裸像もあればアブストラクトの作品もある。どうやらコンテストがあるようですね。多分、授賞作が店内に展示されているのでは。

今回の旅をコーディネイトしてくれたバター、クリームチーズ界の魯山人・大澤氏はこの店の常連らしく、店長らしき人と旧交をあたためている。大澤氏との会話が一区切つくと、その店長さん、われわれをショーウィンドウのそばに案内し、「どれでも試食せよ」のジェスチャー。

それぞれ色、形の異なる小さなチョコレートがズラリと並んでいる。(え、いいんですかぁ!)と言葉にならないフランス語で話しかけるふりをして、ただちに、「えーと、あれと、これと、あそこのあれも、あっ、あれもちょっと」——もう、理性と遠慮というものの歯止めがかからない。

味だって、ミントあり、フランボアーズあり、トロリとしたカラメルあり、やたらビターなのがあったりして、あとはおぼろ。

とはいえ、そこはこちら、ブルターニュに来てから自分なりにすぐに学習した(こういうものは、いくら美味しいからといって、噛みくだてすぐに呑みこんでしまうのではなく、口の中で、舌で、もて遊びながら微妙な味の変化を楽しむ!)というルールは守りました。そのほうが美味しいんだもの。

ところで大澤氏にあとで開いたところによると、「イストワール・ド・ショコラ」の店長さんとおぼしき男性は、「フランス100人のショコラティエ」に数えられる著名なクレマレック氏とのこと。

もうひとつ、この店で印象に残った一品が、そうコンサイスの英和辞典をタテに2冊、厚さも2冊ぐらいの函に7冊の薄手のノートが入ったもの。本なのかしら背文字も印刷されている。なんとこれが、すべてチョコレートなんですね。紙のカバーの中に包装された大きな板チョコが!(もちろん、小さく割れるように溝は入ってますが)。

このチョコ本の合巻、手にするとズシリ!　と持ちおもりが。(チョコレートって、けっこう重いものなんだなぁ)と、このとき改めて認識、とい

こんなデザインの豪華物。この写真にコーヒーカップが写っているということは、
結局、日本で味わうことができたのです。もちろん大澤氏の心づかいで。
クール便で郵送されてきました。

うか感嘆。値段をチェックすると日本円で1万円弱くらいか。お世話になった誰かにプレゼントするとしたらかなりゴージャスでシャレているかも。しかも、出版関連の人や、本が好きな人には。

しかし、ここのチョコレート、かなり鮮度への配慮というか、ワイン同様、温度や湿度に気を配らないと、せっかくの質が低下しては元も子もなくなる。なにより、このチョコレートと、チョコレートを作っている人に申し訳ない。

まだフランスの旅は残っているし、帰りの機内のあの暖かさでは、といろいろ思案した結果、目と脳に刻み込んで、日本への持ち帰りは断念した。

そういえば、チョコレートには生クリームが必須でした。原材料のカカオは世界各国のカカオ産地から厳選輸入。それを極上のチョコレートに仕上げるためには、どうしても鮮度のいい生クリームが必要なわけです。

今回のブルターニュ行は、つまるところ、ミルクから生まれる生クリーム、クリームチーズ、バターの恩恵を心に深く刻み込む旅となったのです。日本でスイーツを食べているときには、そんなこと意識してなかったなぁ。

この旅で、バター、ミルク関係には少しウルサくなったかも。ケーキやチョコレートを食べるときなど、そこに使われているクリームチーズ、バターの風味、素材をなにげなくチェックしていたりしてね。眼がウツロなときは、そんな時かもしれません。日本のパティシエの皆様、ご注意あそばせ。

に、してもカンペールの塩バターキャラメル、安くて美味しかったなぁ。日本でも作ってほしい。できなけりゃ、誰か輸入して下さい。あのキャラメルをなめていると、頭がよくなる気がして……。

そうか、もう一度行こう！　もちろん今回のように大澤氏がアテンドしてくれたようなゼイタクな旅はできないにしても、もっと庶民的なブルターニュの人々の生活レベルを知る旅はできるかもしれない。スーパーマーケットや週末のバザールも興味ぶかかったし。

週末に開かれるバザール。
でも日曜日はどの店も閉まってヒッソリ閑。要注意！

ブルターニュ紀行

Bretagne
carnet de voyage
2

フィニステールで会ったひとたち

画・浅生ハルミン

会社から牧場まで、おもてなしのシャンパンを
持ってきてくださったジャンロネさん。小走りだった。

浅生ハルミン
「フィニステールで会ったひとたち」

Sill社のエマヌエルさんの運転で町から町へ。
エマヌエルさんの口ぐせは、「ウィウィウィダッコー」
フランスの車のウィンカー音は「ティッタッ ティッタッ」
猫を呼ぶときの口の音に似ていた。

ようこそ牧場へ

ジョンアールさんの牧場

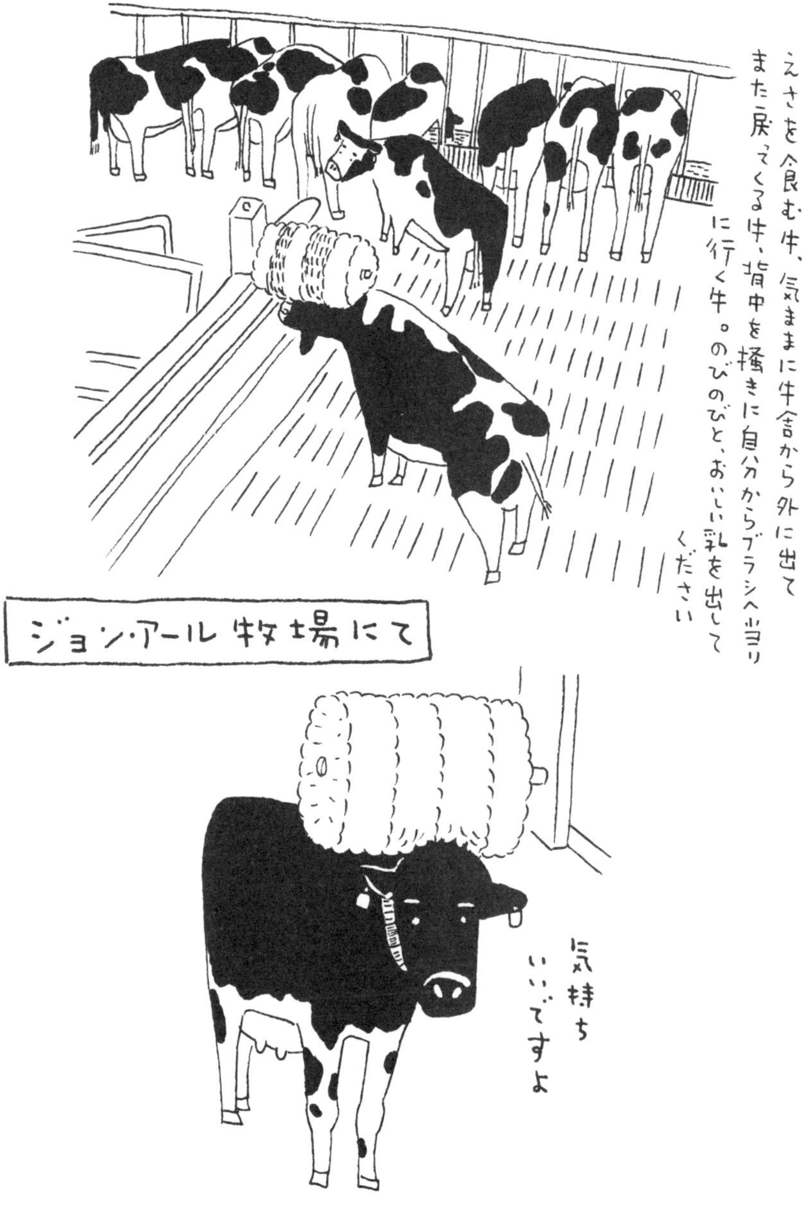
えさを食む牛、気ままに牛舎から外に出て
また戻ってくる牛、背中を掻きに自分からブラシへ当り
に行く牛。のびのびと、おいしい乳を出して
ください
ジョン・アール 牧場にて
気持ち
いいですよ

浅生ハルミン
「フィニステールで会ったひとたち」

ジョンアールさんの牧場はヨーロッパで最も進んだ牧場と言われている。家族3人で運営している。今でも広いと思うのにもっと土地を増やして広くしたいと言っていた。熱いひとだった。

牧場で猫を発見。自分も仕事を手伝っているつもりだ。

Sill 社の工場にて

連続チャーニングの機械

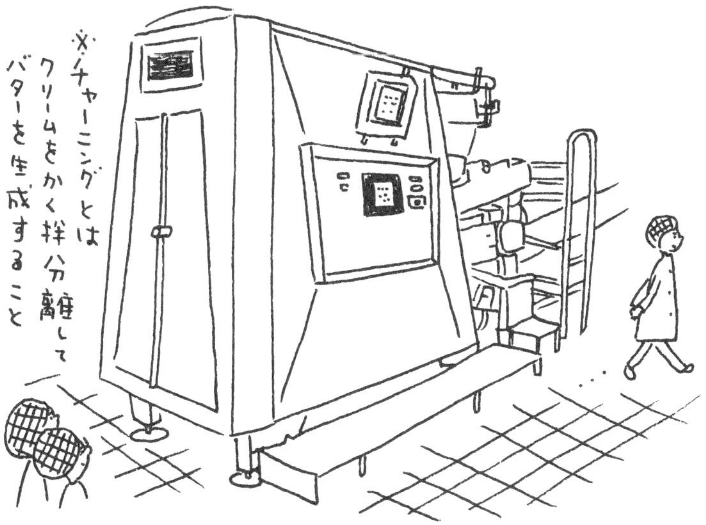
※チャーニングとは
クリームをかく拌分離して
バターを生成すること

前発酵で連続チャーニングだからおいしいバターをつくることができる。Sill社のバターは、前発酵という昔からの製法をかたくなに守っているそうです。

工場見学をする我々

ブルターニュ産の材料だけを使い
ブルターニュで製造しています
のマーク

品質検査を取り仕切る
ジャクリーヌさんの
メガネと靴は赤い。

ドラムチャーニングの機械

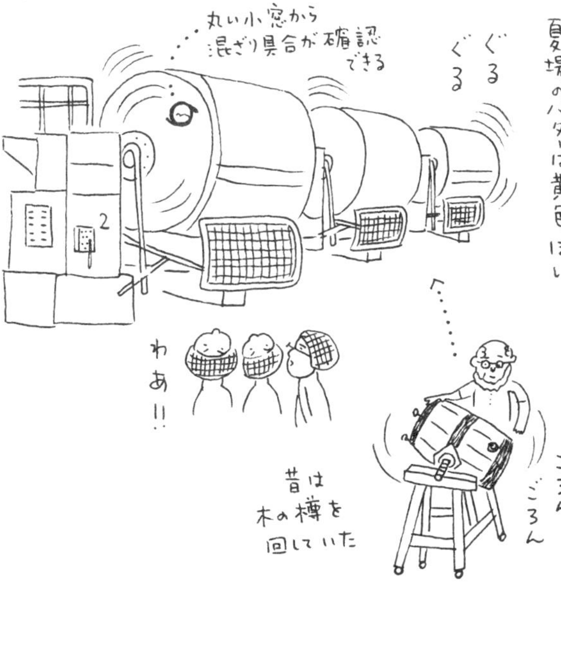

冬場のバターは白っぽく
夏場のバターは黄色っぽい

昔は
木の樽を
回していた

ブルターニュ紀行

Bretagne
carnet de voyage
2

ブレストのショコラティエ

お店はブレストの街にあります。
Sill社の生クリームを使っている。
(一般にチョコレートには全脂粉乳が使われる)

盆栽かしら。オリエンタル

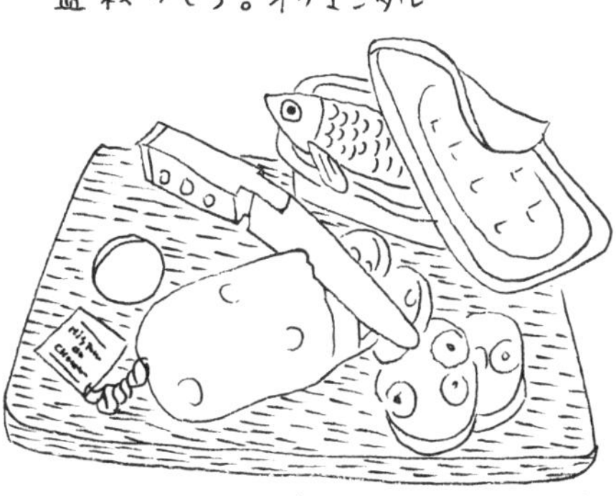

超絶技工のチョコレート職人
ケルマレックさん
口紅を模したチョコレートは本物と同様に
回し出るようにつくってありました。

ソーセージ,オイルサーディン,ナイフのチョコレート。
さすがにまな板は……と思ったら,これもチョコレートでした。本物そっくりの木肌!!

浅生ハルミン
「フィニステールで会ったひとたち」

プラタクム（カキ養殖場）のレストランにて。ロブスターをむいてくれるSill社の社長・ジル・ファラハンさん。吉田健一に似ていました。

ブルターニュ紀行

Bretagne
carnet de voyage
3

石田 千

「夜中のダンス」

ずいぶん遠くにいったのに、いろんな町をめぐったのに、りんごをかじってぶらぶらするうち、またたどりつく気がする。ばったり会える気がする。

飛行機がブレストの空港におりていくと、いちめんの草地、牛と馬がいた。初夏の港町の空は、晴れていても低く、はやい風を吹きおろす。ブルターニュは、一日のうちに四季があるという。からり晴れたとおもうと、きゅうに小雨がぱらつき、しっとりあがり、肌寒い。

海ぞいにそびえていた要塞、古い教会、すてきな出窓を見あげた路地、それはたしかに石文化の国フランスだった。けれども、宿のまえのちいさな公園には、りんごの木が一本。ミモザは満開で、小鳥は、さくらんぼの実をくわえている。道にはわらび、たんぽぽも咲いている。いろんな種類のすみれを見つける。冬は雪は少ないものの、風が強いという。いろんな花が、いっぺんに咲くところも、日本の東北とよく似ていた。

夜は十一時ごろまで明るいかわりに、朝は暗い。かもめの声で目が覚める。会うひと話すひと、みんな食いしん坊の旅なので、ことばの壁などまるで気にならなかった。前菜、主菜、デザート。メニュを組みたてるのも、慣れれば一汁三菜より気楽なほど。ブルターニュは、Rの月ではない夏場に牡蠣を食べる。腹のすわった飲みっぷり、相手の目を見て、ひと息考えてから、話すところ。うちとけると、ほんとうに破顔の笑みを見せてくれるところ。昨年東北六県を旅した記憶と、フランスの旅がしばしば結びつくのは、とてもうれしいことだった。

カンペールの工場にうかがったときは、清潔な設備を見学するうち、昼どきになった。働いていたみなさんは、きりがつくと、つぎつぎと着がえ、車で出かけていく。自宅に帰って、家族と昼食をとるのだった。ああ、いいですねえといったら、不思議そうな顔をされてしまった。

そういえば、こちらについた晩は週末の祝日だったのに、町は閑散としていた。レストランもまばらだった。フランス料理というと、華麗な晩さん会の料理が浮かぶけれど、ほとんどのひとは週末は家で過ごし、ふだんの食事は、つつましいともきいた。それから気をつけて見ていると、昼どきのパンやさんはとても混んでいて、長いバゲットと抱えて歩くひとがたくさんいた。

数日みなさんと食事をともにするうちに、パン、スープ、バター、チーズ。素材のひとつひとつがおいしければ、それでじゅうぶんとわかる。農業の国フランスは、それぞれとてもおいしい。そして、食後のデザートを老若男女たのしみにしているところが、かわいらしい。

ケーキ作りのじょうずな友だちに、お菓子を習ったことがあった。

……簡単なの。すごーく甘いけど、ときどき焼きたくなる。

いちばんおどろいたのは、東京でそんなふうに習ったケーキが、地元のお菓子として工場のお茶の時間に出てきたのだった。

クイニー・アマンは、ブルターニュのことばでバターケーキのこと。デンマーク人の漁師がドアルネネ村に伝えた。長い船旅でも日もちするように、砂糖がたっぷりはいり、バターにはゲラント塩が入ることを知った。作ったことがあるいうと、とても驚かれて、よろこばれた。日本に来たフランスのひとが、おはぎを作ったことがあるというようなものかもしれない。

クイニ、アマン?

ウイ、クイニィアマン。

むかいあって、うなずきあう。それだけで、いきなりずいぶんうちとけた。

いちごのパルフェ、ピスタチオのアイスクリーム、ブルトンケーキは、サブレ生地にいちじくとプルーンをつめる。どのデザートも、気どりがないぶん、クリームのなめらかさ、バターの香りのよさが欠かせないものばかり。それは、お料理もおなじことだった。

寒暖になれず、風邪をひきかけると、魚介のスープを飲むようすすめられた。ほんとうは、ブルターニュの冬の名物とのことだった。きれいなオレンジ色のポタージュには、海老とほたての甘みに、さかなのお出汁の香りもする。マスタードとチーズと生クリームの入ったこっくりとしたスープは、全身に滋養がまわり、翌朝はけろりと治っていた。

そうして忘れがたいのは、最後の晩に、となりの町まで踊りに連れていっていただいた。

夜も更けたころ、公共のちいさなホールに、たくさんのひとが集まってきた。バンドは、伝統的なケルト音楽を演奏する。ペアを組んだり、輪になったり。もじもじしているとベテランの女性が誘いにきてくださって、おおきな輪に入った。すてきなドレスの女の子、ビールを飲んでは、また輪にもどるおじさん、ダンスは深夜まで続いた。

帰り道、古い教会のうえにおおきな月が出ていた。月はそのさきの牧草地をくまなく照らす。耳には、ケルト音楽が輪を描き流れている。

月見をしていたのか、夜の草のうえ、牛が集まっていた。ひとまとまりに横ずわりになって、満腹の、おっとりした目をしていた。

坂崎重盛（さかざき・しげもり）

1942年東京都生まれ。千葉大学造園学科で造園学と風景計画を専攻。卒業後、横浜市計画局に勤務。退職後、編集者、著述家に。著書に、『超隠居術』（角川春樹事務所）、『「絵のある」岩波文庫への招待』『粋人粋筆探訪』（芸術新聞社）、『ぼくのおかしなおかしなステッキ生活』（求龍堂）などがあるが、これらすべて、町歩きと本（もちろん古本も）集めの日々の結実である。

浅生ハルミン（あさお・はるみん）

1966年三重県生まれ。イラストレーター、エッセイスト。著書に『私は猫ストーカー』（中公文庫）、『猫座の女の生活と意見』（晶文社）、『猫の目散歩』（筑摩書房）、『三時のわたし』（本の雑誌社）ほか。パラパラブックス・シリーズに『猫のあいさつ』『猫のおかえり』（青幻舎）など多数。『私は猫ストーカー』は2009年に映画化された。

石田 千（いしだ・せん）

1968 年福島県生まれ、東京都育ち。國學院大學文学部卒業。2001年第一回古本小説大賞受賞。著書に『きなりの雲』（講談社）、『バスを待って』（小学館）、『きつねの遠足』（幻戯書房）、『夜明けのラジオ』（講談社）、『もじ笑う』（芸術新聞社）、『唄めぐり』（新潮社）等がある。

Chapter3.

「ルガール」でつくる

パティスリー　ラ　スプランドゥール

東京・久が原

「フロマージュ クリュ ルガール」

クリームチーズ含有量40%のムース。空気を含ませた生クリームと卵黄によって軽さと共にコクも持ち合わせています。ガトーの中心部には3種の赤いフルーツ（イチゴ，ラズベリー，赤すぐり）のジュレを忍ばせ、絶妙な味のバランスに仕立てました。

「国産柑橘のプチ ケーク」
通常四同割(バター・砂糖・卵・小麦粉)とされているケークの配合をバターのみ30%増量して仕込み、天草晩柑・塩バターキャラメル・カカオ 各々3種の味付けをして一口サイズでリッチな味わいのケークとして焼き上げました。

「タルトフロマージュ トマト」

トマトのコンフィチュール入りのタルトを土台にして、クリームチーズとカスタードクリームを混ぜ合わせたクリームをタルトの上にたっぷり塗り広げました。その上にアメーラルビンズ（高糖度トマト）をしきつめ、味のアクセントでゲランドの塩、ピンクとブラック2種のペッパーをふりかけました。

「カフェ エラブル」

軽い酸味を感じる爽やかな深煎りコーヒーのジュレに、クリームチーズと生クリームを合わせたメープルシロップ風味のまろやかな甘味のクリームをあわせました。

Pâtisseri
La splend

「フロマージュ キュイ パッション」

クリームチーズ含有量42%の焼チーズケーキ。爽やかな酸味を持つパッションフルーツのピュレを混ぜ合わせて、コク深くキレのある味わいに焼き上げました。

池上線久が原駅のホームから見えるそのお店は、髭のシェフで名高いオテル ド ミクニのシェフパティシエを務めた藤川さんが、開いたケーキ屋さん。お茶の文化が発達した日本では、和菓子屋さんと同様いわゆるお茶菓子としての洋菓子屋さんが街のあちこちにありますが、お茶の添え物ではない、デセールの趣を持つケーキ屋さんであります。繊細と骨太の両立はなかなか難しいけれども、それをさらりとこなす藤川さんは柔和な面持ちながら只者ではありますまい。開発当初からルガールをお使い頂いており、「ルガールを使うとどんなケーキになるの?」とのお声には、必ずこちらのケーキをお見せすることにしています。例えば、コーヒーゼリーに合わされるクリームには、クリームチーズをベースにお使いですが、いわゆるクレム シャンティイの原料クリームがフランスでは発酵されている場合が多いことに着眼されてのルセットとか。見た目に鮮やかなケーキの一つ一つにオーナーシェフの試みが隠されています。

パティスリー　ラ スプランドゥール
東京都大田区南久が原2-1-20
水休　Tel 03-3752-5119

シェフ 藤川浩史さん・幸《みゆき》さん

「ルガールのバター、クリームチーズは綺麗な味、という表現が適していると思います。乳製品ですが澄んだ透明感を感じずにはいられません。それは様々な裏付けからも証明されることなのでしょう。」

ワインバー ぶしょん

東京・銀座

「クリームチーズとドライトマトのミルフィユ仕立て」

イタリア産ドライトマトを使用し、ブラックペッパー、ピンクペッパー、グリーンペッパー、タカノツメ、ローリエ等に、シェフの秘密のスパイスを加え、オリーヴ油とひまわり油で漬け込みます。ルガールクリームチーズにはさみ重ねることで、濃厚なのにさわやかなテイストのミルフィユに仕立てました。

「自家製フルーツチーズ」

自家製フルーツチーズにはいろいろなフルーツを使います。今回はストロベリーを使いました。まず完熟ストロベリーをジャムにし、ストロベリーリキュールやグランマニエ、粉糖で味を調えた上で、ルガールのクリームチーズに練り込みました。銀座ワインバーぶしょんでは薄く切ったパンを添えてお出ししています。ストロベリーの他にブルーベリーやオレンジ等も相性がよく、新鮮なフルーツが手に入った時、ときどき変えております。

かつて横浜・本牧《ほんもく》に、兄弟夫婦4人で切り盛りする酒屋さんの「カトルフーケ」という名のワインバーがあった。ワイン蔵も兼ねる地下2階から地上まで吹き抜けの豪勢な作りのその店で、ハマのワイン愛好家はピアノの生演奏を聴きながら、優雅なひとときを過ごしたものである。その酒屋さんが銀座に進出。5丁目の信号を昭和通りに向かって一筋目のビルの地下2階、喧騒を忘れ、ゆっくりワインと料理を楽しめるそのスタイルは20年前のカトルフーケを彷彿とさせるが、銀座という土地柄か、皆歳を重ねた落ち着きか、流行りとは一線を画した、紳士淑女の集うところとなった。ここでは、料理はむしろワインの引き立て役。ルガールのクリームチーズの使い方の一つを明示して頂いています。

支配人 田村義介さん

ルガールのクリームチーズはミルクの香りとコクに富み、なめらかで凝縮感があります。雑味が極端に少なくピュアで、よく売れています。

ワインバー ぶしょん
東京都中央区銀座5-9-13 菊正ビルB2F
18:00〜2:00　日休　Tel 03-5537-6031

NINi 熊本・藤崎宮前《ふじさきぐうまえ》

「チーズケーキ」

ルガールのナチュラルクリームチーズにサワークリーム、卵、コーンスターチ、砂糖、生クリームを混ぜ合わせます。湯煎焼きで温度を変えながらゆっくりと焼き上げることで、濃厚でありながらフワッと口溶けのよい食感が生まれます。その特徴的な第一印象と後を引かないすっきりと優しい後味で、NINiでの人気商品のひとつとなっています。

宴の後、ふと独りになりたいことがある。熊本市中央区南坪井、通称広町（ヒロチョウ）のS字カーブを見降ろすカウンターで、そんな時、私はいつもアングルの「泉」を思い浮かべ、たおやかな白肌のチーズケーキを頬張ることにしている。妄想だけなら罪にはなるまい。

八代出身の店主と長崎出身の女将が博多で出逢い、熊本にNINiを開いた。NINiは「任意」からとったとか。お客様それぞれがそれぞれに寛いでほしい、という店主の願いが込められている。コンパネにアクリル樹脂を貼ってスクラッチしたカウンターは人工的だが、肘を落とすとコンクリートより暖かだった。画廊のような店内は節約の結果と謙遜《けんそん》する店主だが、チーズケーキに使うクリームチーズだけは奢りました、とピシャリ。恐れ入ります。

山本修《おさむ》さん・貴代子さん

「ナチュラルに感じられる酸味と濃厚なミルク感。そして何といってもキメ細かいテクスチャー。とてもなめらかである為、他材料との混ぜ合わせの良さを感じます。初めて使用し、作っていた時のワクワク感が忘れられません。」

NINi（ニニ）
熊本県熊本市中央区坪井2-3-37　19:00〜3:00　第一水休
Tel 096-345-3588

column

チーズケーキについて

日本ほどチーズケーキが流通しているマーケットも実は非常に珍しいと思います。ほとんどのチーズケーキの主原料になっているのはクリームチーズでしょう。このクリームチーズがなかなかの曲者です。クリームチーズは熟成チーズとは区別されるものですが、簡単に言えばレンネットを使用しないチーズの一種といえばいいでしょうか。

クリームチーズのオリジンは米国のユダヤ教徒の文化にあると言われています。チーズ製造の初期工程の内、ミルクを乳酸発酵させた後に加える凝固剤としてのレンネット（凝固酵素）がユダヤ教の教義で摂取を禁止されていて、このレンネットを使用せず乳酸発酵だけである程度のボディー（硬さ）を持たせたのがクリームチーズ、ということになります。

レンネットは一般に、乳離れして草を喰《は》み始める頃の仔牛の第4胃袋の中の消化液からの抽出物です。乳飲み子の仔牛の胃中の消化液は概ねキモシン9割とペプシン1割で構成されていますが、乳離れと共にその割合が逆転し、消化液はペプシンばかりになります。このペプシンがチーズ製造工程上の発酵乳の凝固を司る蛋白質《たんぱくしつ》分解酵素になるわけです。

中身は全く異なりますが、豆腐作りの上でのニガリのような働きをするものの、その乳業版とでも言えましょうか。

ユダヤ教の教義にフィットしたクリームチーズは、製造された場所から、フィラデルフィアと名付けられたそうで、まさしく原産は米国です。そのクリームチーズで作られたのがチーズケーキですから、チーズケーキも原産は米国ということになるでしょう。

ここまで日本に広がったチーズケーキですが、実はヨーロッパ、特に大陸では馴染みがありません。やはり、源流は米国なのでしょう。同じように、軽くではありますが、乳酸発酵させたイタリア原産マスカルポーネをクリームチーズと見立てれば、ティラミスもまたチーズケーキの一種ということになるでしょうが、独自文化を大事にするヨーロッパ人がそういう分類は嫌うでしょう。英国、特にロンドンは例外として、ヨーロッパのそこかしこで、ディナーの終盤、デザートにチーズケーキを見つけるのは至難の技ですが、ティラミスなら容易にメニューの中に見つけることができるでしょう。

しかし、どうしてここまで日本でチーズケーキが人気なのでしょう?

これは、飽くまで私の個人的想像で確証はまだないのですが、チーズケーキは戦後、米軍キャンプのキャンティーンから伝播されたのではないでしょうか。米国の兵隊さんは他民族・多宗教で構成されているでしょうから、デザートもそこそこ種類を必要としたでしょう。がしかし、戒律の厳しい宗教に合わせたデザートにすれば、集約的に誰でも摂取できた筈だからです。

このことを思いついたのは、沖縄県が一人当たりのクリームチーズ消費量日本一という話を、クリームチーズを大量に日本に輸出しているデンマークの乳業会社のヒトに教わったからでした。彼氏は来日すると必ず最後に沖縄を訪問していました。仕事熱心なヒトでありましたが、北国のヒトにとって沖縄が楽園であることは日本に限ったことではないでしょう。

では、チーズケーキの発信地が米軍キャンプだったと仮定して、どうしてここまで日本人はチーズケーキを愛するのでしょうか。私は、

①チーズケーキの形状が進物に適していたこと

②お茶菓子にも適していたこと

③旧来のバタークリームからいわゆる生クリームに需要がシフトした後だったこと

④いわゆるホモゲナイズされ新鮮な牛乳の味に馴染んだ味覚に合致したこと

⑤アメリカ伝来文化に流行を感じたこと

⑥ケーキ作りの為の材料の数が少なくて済んだこと

などが考えられると思います。

日本のチーズケーキが極めて日本化したのは、恐らくバブル景気のころではなかったでしょうか。フランス帰りのケーキ職人さんが、フランス菓子のルセット(レシピ)にはないチーズケーキなるものがフランス菓子を標榜する洋菓子屋さんで大いに売れていることに驚いた、とおっしゃっていたのを思い出します。

後にフランス産のクリームチーズを使っ

たチーズケーキが一世風靡しますが、フランス帰りのケーキ職人さんたちは、勿論味覚が合わなかったのでしょうが、オセアニア産や米国産のクリームチーズは使わずにかなり割高の欧州産のクリームチーズを使ったチーズケーキを使い始め、付加価値をつけてヒットさせました。この辺が、チーズケーキの日本化の始まりのような気がします。フランス菓子の職人さんたちのプライドとアイデンティティーがなければ、世界に轟く、日本のチーズケーキの種類と品質は生まれなかったと思います。

さて、ここでルガールクリームチーズのお話です。

ルガールクリームチーズはこうした日本の熟成し切ったかに見えていたチーズケーキのマーケットに、最後発で参入します。2002年のことです。地元フランスではほぼ可能性のない商品を日本市場を頼みの綱に、新しくクリームチーズの工場を建設したわけです。そこには

①原料乳の搾乳エリアを規定し、明言する
②UF（ウルトラフィルター工程）を持つ
③上記②によるロット生産でコストを抑える

という戦略を立てました。

搾乳から乳製品にするまでの時間と距離は短ければ短いほど良い、というのが乳業の常識です。原料クリームの新鮮さがクリームチーズの風味の第一義だと考えます。

ならば、原料クリームを自家製造し、日本人に好まれる風味のバターを製造するメーカーにクリームチーズを作らせたら、面白いのではないか？ それが、最初の思いつきでした。

ルガールバターがフランスでも古くから在ったブランドなので、誤解を招いている節がありますが、ルガールクリームチーズは、いわばアトダシジャンケンで作り上げた新しいクリームチーズです。ただし、伝統のルガールバターと出処が全く同一（SILL社プルーヴィエン工場製造）の原料クリームを使用している処が、ミソと言えましょう。

column

UFとは

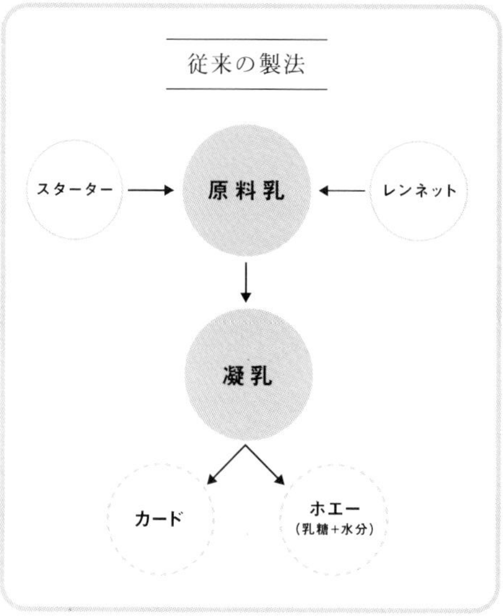

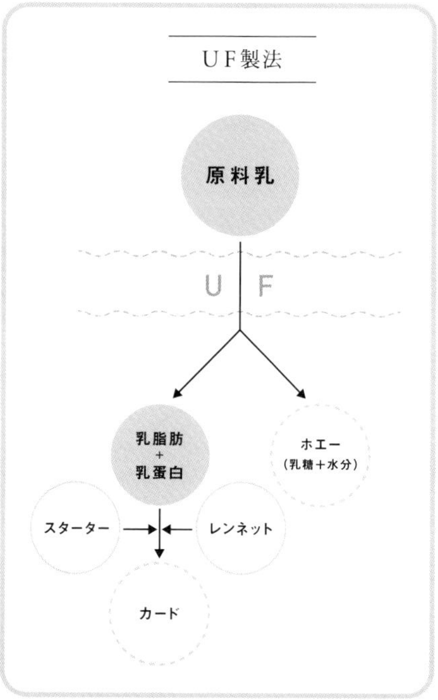

UFとは、ウルトラフィルトレーションあるいはウルトラフィルターの略で、20世紀後半に開発されたチーズの製法のこと。

従来のチーズの製法が、「原料乳にスターター（培養乳酸菌）とレンネット（乳を凝固させるための酵素）を注入して固め（凝乳＝カードと呼ばれるチーズの素）、その固まりからホエー（乳糖＋水分）を分離する」というもの。

それに対しUF製法は、脂肪球＞蛋白質《たんぱくしつ》（カゼイン）＞蛋白質（ホエー）＞乳糖＞水分という乳成分のサイズの違いに着眼し、「原料乳をまず大変微細な濾過膜《ろかまく》（ウルトラフィルター）を通すことによって、乳脂肪＋乳蛋白とホエー（乳糖＋水分）とに分離し、凝縮した乳脂肪＋蛋白質にスターターとレンネットを入れてカードを作る」というもの。

UF製法の利点として

1　品質の均一性と風味の向上
（乳脂肪や乳蛋白を痛めない）
2　原料乳の有効利用
（副産物ホエーの品質向上）
3　労働力の削減
4　生産量の拡大（ロット生産の実現＝バッチ生産からの回避）

などが言われています。

つまり、UF製法とは、大前提に「原料乳のボリュームが大きい」「副産物の使用体制が具備されている」という乳業環境が備わって始めて使用意義を見出せるもの、と言えるでしょう。

ルガールクリームチーズは、地元の生乳生産量が極めて大きいがために、近隣の契約酪農場で搾乳された生乳のみで、すなわち混乳せずに、原料乳を確保できるという強みを持っています。だからこそ、クリームチーズの生産ユニットはロット生産つまり新しい技術UFを選択したのです。

バッチ生産とロット生産についてはしばしば意見の分かれるところですが、技術・衛生管理でくくれば、乳業は概ね装置産業にならざるを得ません。一度に多く製造した方が製品は安定するからです。バッチ生産かロット生産かの分水嶺には、製品の販売量にもよるのですが、乳業の場合、原料乳の供給量が大きく起因していることを読者のみなさんにはご理解頂きたい。手作業の方が品質が高い、つまりバッチ生産の方が良、というのは乳業の場合必ずしも当てはまらないと私見する所以です。しばしば、伝統の手仕事ばかりが称賛されますが、流通食品としての乳製品に関する限り能わないでしょう。

column

UFユニット桃山ばなし

～ガキ時分、脱脂粉乳を飲まされたオッサンとしては……

ウルトラフィルトレーションと言っても、流行りのプロテインダイエットのお話をするわけではありません。

脱脂粉乳を給食で散々飲まされた年代の方ならば、すぐにピンと思い当たることでしょう。一般に「あの加熱された蛋白臭が苦手」と仰る方が多いのではないでしょうか。

ここで、SILL社本社プルーヴィエン工場にルガール・ブランドのクリームチーズ工場を施設するにあたってのお話を一つ。

前にも述べました通り、ルガール・ブランドのクリームチーズはフランス伝統のチーズでもなんでもなく、2001年に工場を新規に立ち上げて、2002年から日本市場向けに供給を始めた、謂わば新参者です。

新参者なら、先達に負けない具体的な特徴が必要な筈。開発当初は、SILL社の主要スタッフと幾度となく会議を開いていました。こんな具合です。

A:原料クリームならば、出処がシッカリしているじゃない、ここでいくらでも作ってるんだから。

B:バター工場ですもの、原料クリームがなければ始まらないわ。

C:そのクリームだって売ってるよ。よそのバター工場が欲しがるんだ。

D:ウチの原料クリームは評判イイのさ。

C:君が安く売るからじゃないのか?

D:いや、品質第一!です。

A:そう、工場近隣で搾乳された生乳だけで作られた原料クリームだからね。

B:当たり前だけど、混乳ではないわ、断じて。

A:それ、ウリ文句。だから、クリームチーズをここで作りましょうよ。

D:クリームチーズって何だい?

C:デンマーク人やオランダ人がいっぱい作ってるアレね。でも、今更誰が買うって言うの?少なくともフランス人は買わないな。チーズなら他に腐る程あるもの。

A:マーケットならありますよ、日本に!　チーズケーキ好きだもの、日本人は。

D:そういえば、この間視察に来た日本人とお昼に行ったら、「デセールにチーズケーキないか?」て言ってた。あの時は何のことか分からなかったけれど。

C:食べたことあるの?　チーズケーキを?

D:食べてはいないが、この間パリのマレーで見たよ。ピカソ美術館のそばで。

A:ああ、知ってる。食べたけれど、比べものにならないよ、日本のチーズケーキとはね。

B:きっと、おいしいのね、日本のそのチーズケーキとやらは。

D:チーズはケーキにしないで、そのまま食べるもんだろう、パンと一緒に。

C:文化が違うんだ、仕方ないだろう。イイじゃないか。

A:数え切れないくらいブランドがあってね、個体差はあるんだけれど、ニューヨークでチーズケーキを食べたことあるけれど、私はやっぱり日本派。見た目も日本のチーズケーキの方が好き。

A **大澤**

B 前品質管理部長
ジャクリーヌ・キニュ

C SILL社長 **ジル・ファラハン**

D **前本社工場長**
（現・新工場建設責任者）
ジャン・ロネ・ブダン

B

C

D

C:つまり、技術も原料もレベルが高い、と言うこと?

A:原料のクリームチーズは輸入モノがマジョリティーでね。輸入品の中では、オセアニア品が圧倒的、安いからね。その後に欧州品。国産も同じ位ある。乳製品は全般に高いから、プロもアマチュアも大事に使うお国柄さ。

B:デンマークで、UFのラインを見たことがあるの。アレ、確かクリームチーズだったわ。いや、フェタだったかしら。

D:おいおい、クリームにUF?　高くつくぞ。ホエーの使い道はあるけどな。

C:クリームチーズだよ。

A:私の世代はね、スクールランチで生温い脱脂粉乳を飲まされたんだ。アメリカからの援助物資さ。あのマズさは忘れられないよ。終いには慣れたがね。今となってはむしろ懐かしい。

B:恐ろしい話ね。

C:無いよりマシ、とは言えね。

A:だからかな、国産の瓶入りの牛乳に変わった時は子供ながらに、世の中が変わった、と思ったよ。

D:UHTか?

C:な訳ないだろ、時代を考えろよ。ウチだって昔は牛乳売ってたじゃないか。

D:確かに。

A:日本人は今でも牛乳をよく飲むんだ。バターやチーズは高いのに、牛乳はミネラルウォーターより安いんだぜ!　それも全部国産!

B:不思議な国ねぇ!

C:脱脂粉乳のスクールランチの反動かい?

A:そうかも。だから、ミルクの味にはうるさいんだよ、日本人は。ミルキーなクリームチーズならきっと大歓迎だよ。

D:だからさ!　我々はクリームチーズは知らないんだって。

C:クリームなら得意じゃないか!

B:そうよ。新しいことしましょうよ。クリームなら売るほどあるんだから……。

C:出来ればUFか!　イヤ、今からヤルなら絶対UFだな、人件費のこと考えるとさ。

D:高くつきますよー。

C:なーに、クリームを安くさばかれるよりマシさ。

D:参ったなぁ

A:いあー、ウリ文句が増えますよ。UFなら。

当たり前のことですが、イヤっと言うほど日本のチーズケーキの市場視察を重ねた末、2001年、SILL社はクリームチーズのユニットを彼らの本社プルーヴィエン工場のバターユニットの隣に建てました。原料のクリームをバターとクリームチーズの両ユニットで共有するための施策です。勿論、そのユニットの中央にはウルトラフィルトレーションのゴツい装置が設置された次第です。

作一　大阪・御堂筋

作一は、オーナー奥長弘一さんのおじいさんのお名まえを看板にいただいている。ミナミの三津寺《みってら》筋から心斎橋に移って、十八年。十九歳から六十二歳まで、三十人の板前さんが働いている。カウンターに落ちつくと、西店《にしみせ》野原廉志《きよし》さんは勧進帳のように長い品書きを見せてくださった。

汁、鮮魚、煮もの、それぞれに素材と生産地が書きこまれていた。ちょっと昔の料理、ちょっと変わった料理、というのもある。昔の料理は、関西の伝統料理のことだった。

……いまは、先輩後輩、縦の関係が少なくなってきています。和食は地味ですし、一人前になるには時間もかかりますが、文化は継承していかなければいけませんから。ちょっと昔の家庭の味も、若いひとたちはいい勉強になります。

月にいちどの献立会議は全員参加で、みんなで季節の味と料理法を考えていく。若い板前さんは、自分のアイディアが採用されたら嬉しいでしょうね。そういうと、きょうのこの献立は、あのひとが考えました。野原さんは嬉しそうに、となりの若い方を紹介してくださった。

若い板前さんたちは、先輩のとなりにいても、ちぢこまらずのびのび働いている。縦の関係が上手にいかされているからこそのさわやかさだった。

和食にワイン。和食の献立に、乳製品があるのもあたりまえとなっている。作一のオードブルは、黒い塗りのお皿に四種類。おなじクリームチーズを使っているのに、まるでちがう楽しみとなった。

「飾りルガール 五品」

•「クリームチーズの味噌漬」

クリームチーズを四等分し、約5mmの厚さに切り分けます。次にもろみ味噌をバットに広げてガーゼをかぶせ、生のチーズを一枚ずつ並べたら、再びガーゼをかぶせて味噌を広げ、4日間冷蔵庫で保存した後、味噌から引き上げて切り分けます。

•「ブランデートマトチーズ」

① ドライトマトを開いて4日間表裏交互にブランデーを塗って自然乾燥させます。
② クリームチーズは薄目にスライスした後、薄い塩をあて約1日置きます。
③ 次にそのチーズを麺棒等を使い延ばし、①で巻き切り分けます。

•「鮒ずしチーズ」

① 鮒ずしの頭を細かく包丁で叩き、鮒ずしの飯と合わせておく。
② クリームチーズと①を5:1 の割で合わせ、形を整え切り分け、みじん切りパセリを盛り、天盛りに鮒ずしの卵を盛りつけます。

•「明太チーズ」

① 酒盗しを適当な塩加減に調節し明太と合わせる。
② ①の塩加減を考えながらチーズにも薄塩をして約1日置きます。
③ ②を切り分けて①をのせて、刻み浅付を天盛りにします。

•「がっこチーズ」

クリームチーズの味噌漬で秋田名産いぶりがっこを中に入れて挟み、市松にしたものに天盛りで紅生姜をあしらいました。

……遊びごころで、春らしく、女性のお客様に喜ばれるように、雛菓子のようにしてみましょうと思いました。

中央にある味噌漬は、もろみ味噌に四日間漬けた。丸いチーズにのせた自家製ドライトマトは、表裏とブランデーを塗りながら四日間自然乾燥させてある。クリームチーズは、薄く塩をあて、一日寝かせた。寄木細工のようにかわいらしいのは、秋田名物いぶりがっこを味噌漬のチーズではさみ、市松にして、紅しょうがを天盛りに。

なんだかわかりますか。野原さんにきかれ、三角のチーズをつまんで、首をかしげる。正解は、鮒ずし。頭のところを細かく叩き、鮒ずしのいい飯とあえてある。ほんの少しのパセリが、すっきり香る。

もうひとつの三角は、明太子と酒盗をあわせ、あさつきをのせた。日仏発酵食の出会いだった。

ブルターニュの旅では、チーズと干しアンズとミントというオードブルの組み合わせを覚えた。こんどフランスにいくときは、めんたいと酒盗と鮒ずしを持ってきたい。

くせのないクリームチーズは、手間をかける和食の技で、すんなり日本の味となる。ワインより、日本酒をあわせたくなった。

すがすがしいお店を出ると、やわらかな夕ぐれ。包丁いーっぽんと歌いながら、法善寺さんまで歩く。　　　　（石田 千）

西店店長 野原廉志さんと。

作一
大阪市中央区西心斎橋1-10-3
エースビル1～4F
月～土　17:00～0:00　日16:30～0:00
祝16:30～22:00
Tel 06-6243-2391（1F 西店）
06-6243-3914（2F 弘）
06-6243-4391（3,4F 本店）

串の店 うえしま

大阪・心斎橋

「えびクリームコロッケ」

材料はえび、バター、小麦粉、牛乳です。バターがなめらかで、使い易く後口がさわやかなので、おいしさが増します。

「チーズの肉巻」

材料はチーズ、牛肉、ケチャップ、シイタケ、三度豆、レモンソース等。チーズは熱でちょうど良い位のとろけ具合で食感もよく、皆さんに好評です。クセが無いので何にでも合います。

「シイタケ シメジ トマトソース」

そのまま、シイタケ、シメジ、トマト、バター、牛乳に小麦粉です。シイタケとシメジをつなぐのにバター入りのホワイトソースを使い、揚げた串にトマトとバターのソースをかけます。バターの香りがワインに合うと、喜ばれています。

串の店 うえしま
大阪府大阪市中央区西心斎橋1-6-5
17:00〜24:00　日休　Tel 06-6241-9433

店主 上島道彦さんと。

うえしまは、開店三十五周年。若いひとに人気の心斎橋アメリカ村の、知るひとぞ知るビルの二階にある。

……むかしは静かなところで、ほんとうに変わりました。

上島道彦さんは、短髪とTシャツがよくおにあいだった。昭和二十年からこちらにお住まいで、道みちすれちがったおしゃれさんたちの大先輩。

とびきりのセンスは、お店にもいかされている。開店のときに、ショットバーのような落ち着いた店にと注文した。おくの銅製のフードも特注で、油の匂いをカウンターに流さない。

……やっぱり、ほんまもんはいい。三十五年間、劣化しません。

もちろん材料、油も、すべてほんまもんを厳選するため、毎朝、自転車に乗って黒門市場まで買い出しにいき、仕込みをする。約二十四種類をその日のおいしい順番で、お客さんがストップをかけるまで揚げてくださる。

目のまえにはソース、からし醤油と、広島の藻塩がならぶ。ごま風味のドレッシングをかけたキャベツサラダがおかれる。串揚げは、大阪名物。そのなかでも、うえしまの串揚げは、この店ならではの工夫が尽くされている。

定番のクリームコロッケは、車海老をかためのホワイトソースでくるんである。薄くさくさくした衣をかじると、まんなかにころんと海老があらわれ、紅白のおめでたさ。濃厚なホワイトソースは、あと味にミルクのやさしい香りが残り、ほたりとぬくもる。

チーズの牛肉巻きは、しいたけ、玉ねぎ、三度豆のケチャップソースがかかり、洋食やさんの懐かしさ。しいたけ、しめじのトマトソースは、串あげとバター風味のソースが、品よく調和する。

和風あり、洋風あり。色どり、食感と風味の取りあわせとソースの工夫で、串揚げを食べていることを忘れている。

このウニとイカのとりあわせで、東京のお客さんの心をつかみました。これはイタリア旅行の思い出です。一本揚がるたび、誕生の逸話をうかがいつつ食べ進むのも楽しいことだった。

日々誕生する新作のアイデアは、仕込みのときに大量のキャベツを刻んでいると浮かぶとのこと。串に刺す、油で揚げる。串揚げという定型が、上島さんの創作は刺激している。　（石田 千）

フルーツカクテルバー
しゃるまんばるーる

熊本・通町筋《とおりちょうすじ》

「しゃるまんばるーるオリジナル レーズンバター」

1964年創業当時からお出ししているレーズンバターで、当店の名物になっています。サルタナレーズンとオレンジピールを二晩ラム酒に漬け、卵を加えた後、ルガールバターに合わせます。塩気のあるクラッカーに挟み込むことで、バター本来の旨味が一層引き立ちます。

現オーナーの父上が果物店勤務の後、店を立ち上げたのが1964年。既成品のフルーツジュースすら無かった時代から今日まで悠々と続く、フルーツカクテルバーの草分、それが本項しゃるまんばるーるです。まずは、世間から逃れるように階段を下って地下の扉から入りましょう。すぐに木内克《きのうちよし》の裸婦像に「ゆっくりしてらっしゃい」と迎えられ着席してデレーッ。が、それもつかの間、鴨居玲《かもいれい》の手になる老人画に「お若いの、陽気はイイが乱れちゃいけやせんぜ」と戒められ背筋ピン。単調ではない、ただならぬ気配に見渡せば、カウンター中央に赤富士のごとくデーンと盛られたグレナデン。ザクロのほぐし実の粒山に眼を奪われ充血したかと思うと、スタインウェイのグランドピアノから流れる聴き覚えのある旋律に脳天がグラつくのでありました。冬の定番ジャックローズが運ばれる前に、息を呑み過ぎてアタクシ既に酔漢。「マジかよ！」と溜息をつく頃、お決まりのオツマミ「レーズンバター」が目の前に。サルタナレーズンが口の中で踊る時、バターがサーッと溶けて流れて、ラムとミルクまぜこぜの香りが鼻をゆっくり通過致しました。土産物のレーズンサンドでは味わえぬドラマがそこに。食材王国・熊本に潜む至宝であります。

オーナー 住永安辞さん

「『乳』本来の旨味や香りが立ち、口溶けの良さが最高です」

フルーツカクテルバー しゃるまんばるーる

熊本県熊本市中央区城東町2−6 モアーズビル B1F

19:00〜2:00　**日休**　Tel 096-324-8200

column

日本でのルガール・ブランドのバター

現在、日本向けのルガール・ブランドのバターの正規輸入は、無塩・連続チャーンによる250g包装のものと、ゲランド塩使用のドラムチャーニングによる25gプラスチック容器入りの2種に限っています。この2種以外は、少なくとも現時点（2015年3月）では日本市場で販売されたとしてもSILL社の正規輸出外の平行輸入品です。SILL社の管理外に流通されたバターということになります。

本国フランスでは、上記2品の他に種類だけでも、

① オーガニックバター（ドラムチャーニング製オーガニックミルクを使用）
② CRUバター（ドラムチャーニング製、無殺菌乳を原料とする）
③ 赤ラベルバター（ドラムチャーニング製、家畜・飼料・製造方法・使用機械などが規定され政府に認定される）

などがあり、スーパーマーケットやグロッサリーショップで容易にお目にかかるでしょう。

この中で**②CRUバター**は、原料が無殺菌乳であり、日本では乳等省令上記述はないものの行政指導で特に大腸菌を厳しく規制されるので輸入は不可能です。フランスでは、チーズ同様バターについても伝統文化を守る気風があり、菌に対する消費者の反応が寛容で、日本の場合とは大きく異なります。私は、CRUバターをSILLの日本向け正規輸出から、最初に外しました。

また、上記①から③は全てドラムチャーニング工程から製造されますが、このドラムチャーニング工程が、

（イ）日本の気候風土特に夏季の高温多湿にそぐわない
（ロ）日本人のバターの摂取量がフランス人とは比較にならないほど少ない

という理由から、SILLの日本向け正規輸出から外しました。使い残しが多ければ、菌増殖による問題が起こる確率が、少なくとも日本市場では高まると判断したからです。

実際に、10年以上前になります。都内の有名フランス料理店でSILL輸出の無塩のドラムチャーン製法の業務用バターをご使用頂いたことがありましたが、7月にお使い残しのバターから大腸菌が検出されたました。幸い、保存管理の仕方にもよるので大きな問題にはならずに済みましたが、「普段使用している国産バター（それはNIZOバターだったのですが）に比べて保存性が悪い」とご指摘を受け、別項でも申し上げたように、現在の技術では克服し得ないだろうドラムチャーンの弱点を認識しました。

そこで、伝統的なドラムチャーニング工程のバターをお求めの向きには、食べ切りサイズ25gプラスチック容器入りをもってお答えすることとし、SILLからの日本向け正規輸出に入れました。さらに、業務用に適しているであろう250gパーチメントの連続チャーニング工程によるバターが無塩タイプなので、テーブルバターとしては無塩より有塩の方が好まれる日本ならば、どうせならブルターニュ特産のゲランド塩入りのものの方が特色あっていいだろう、という判断から、ゲランド塩入りのものを日本向け正規輸出品に加えました。

平行輸入業者の方やその末端の店頭販売員の方は、目先の需要にとらわれず、もう少しフランス産のバターの如何なるかを知ってほしいものです。

寿司つばさ 小倉・片野

「百合根とクリームチーズの茶碗蒸し」
茹でた百合根を裏ごし、ルガールのクリームチーズと練り合わせたものを、地の中に入れ蒸します。しっとりとした中に芳醇な香りが後味として口の中に広がります

県外からも多くのお客が通う小倉の有名鮨店で修業し、二年前に独立を果たした若き職人さんのお店である。割烹着の似合う女将さんとの息の合った接客は迅速だが柔らかく、慎ましくて微笑ましい。師匠の小倉流を受け継ぐその鮨は、新しい食材も果敢に取り上げられるも、どれもみな嫌味ない。サラリと出される一品一品に、余計な講釈が付かないから尚更に、秘められたパワーを感じてしまうのだろう。少々不便な立地にも拘らず、いつも混んでいるのもうなずけるというものだ。定休日の水曜は、時に飛行機も使って、夫婦揃って和洋中限らず食べ歩くという。

本品、百合根とクリームチーズの茶碗蒸しは、そんな研鑽《けんさん》から生まれた逸品だ。オシノギによし、口直しによし、はたまた鮨の後の締めによし。口に含むと、とろりとしてすぐに薄っすらミルクの薫りが広がりハッとしたが、百合根と合わさっているので、和食であっても邪魔にならず、瞬く間に平らげてしまった。

タクシーに乗って小倉駅に帰る時、大通りの角を曲がっても暖簾《のれん》の前で見送るつばさ夫婦の姿を当分忘れられないだろう。

店主 黄丹《おうたん》翼さん・加奈さん

「ルガールのクリームチーズは、芳醇で上質な乳を感じました。雑味、酸もなく滑らかだと思います。砂糖やレモンのような柑橘類はもちろんのこと、醤油、味噌との相性も良いと思います。」

寿司つばさ
福岡県北九州市小倉北区片野新町1-1-26 藤井ビル 1F
月・火・金〜日12:00〜15:00　18:00〜22:00
木 18:00〜22:00　水休　Tel 093-932-3332

otto《オット》 東京・銀座

「セップ茸のオムレツ」

セップ茸を薄切りし、ブールルガールと少量の塩で蒸し煮します。マデラ酒を加え、十分に煮詰めフォンドヴォーを加えさらに煮詰めます。煮詰まったところで塩、コショウを少し強目にしてブールルガールを加えて風味と濃度を整えます。ソースを常温まで冷まして卵と良く合わせます。パルミジャーノレッジャーノと生クリームを少量加え、オムレツ専用のフライパンで中心が半熟になる様にまいて仕上げます。

「柿とクリームチーズのサンドイッチ」

ルガールクリームチーズをたっぷりと厚くカットし、柿もチーズと同じ厚さにカットする。アマレットリキュールを火にかけてアルコールをとばし、冷やしたものをクリームチーズと柿に5分程度漬け込み、柔らかな食パンに挟むだけ。ルガールクリームチーズは素材が良いのでシンプルに考えました。大西洋の風を感じてください！

「花より団子！」と嘯《うそぶ》く銀座の有名クラブのオーナーママが、アッと言う間にオットという名の新店舗を開業してしまいました。今では珍しくなったサパークラブ。厨房にイタリアンとフレンチの手練二人を擁し、夜な夜な銀座雀の舌を潤しています。「世の中バター不足なんですってね、ならば、なおさらバターをふんだんに使った一品を！」オーナーママの一声で考案された「セップのオムレツ」を指して、「モンサンミッシェルの名物オムレツより高いわよ」とは、なんとも手厳しいブラックジョーク。その一方で、お値打ち「柿とクリームチーズのサンドイッチ」も用意する周到さ。「ピンクでもサーモンではないところがアリキタリじゃないの！」確かに視覚に訴える一品です。「それにしても輸入バターは高過ぎるんじゃないの？　あちらでは、桁違いに安かった筈よ、パリに行った時のおぼろげな記憶でしかないけれど……」やはり経営者の眼は曇っておられません。

北原清さん（写真右）、
石田大輔さん（写真左）

「ルガールの製品はバター、クリームチーズ共に酸味や香りが穏やかで主張しすぎず、主になる素材の味や風味を壊さずに使えます。」

otto
東京都中央区銀座8-6-24 銀座会館3F
18:00〜3:00　**土日祝休**　Tel 03-6280-6866

column

バターとクリームチーズの輸入と関税

バターの輸入には

①国家貿易によるもの
②関税割り当て(TQ)によるもの
③自由貿易(AA)によるもの
があります。

①は国内の受給バランスを見ながら、いわゆるカレントアクセス数量の中で(独)農畜産業振興機構を通じて輸入入札・国内入札制度に商社や乳業会社が応札するもので、ほぼ全量が国内乳業会社に買い入れられます。

②は特定の民間業者が割当(TQ)を受けて輸入するもので、沖縄向け、見本市向け、航空機機内食向けに限られます。

③がいわゆる一般に輸入品として流通するもので、輸入CIF価格の29.8%の1次関税に985円 per KGの2次関税が課せられます。仮に、CIF価格700円 per KGのフランス産バターを輸入したとすると、700 + 700 X 29.8%+985 =1,893.60円 per KGの輸入コストとなり、これに流通コストと輸入者や販売者の儲けが上乗せされて、一般販売価格になるわけです。

輸入チーズには大別して

①プロセスチーズ
②プロセスチーズではないもの
(ナチュラルチーズと一般に呼称)
があります。

①は、ナチュラルチーズの熟成を止めて、乳化剤(特にリン酸塩)を加えたものを指し、関税はCIF価格の40%

②は、いわゆるナチュラルチーズのことで、関税29.8%

いずれも高関税が課されています。

それ以外には、プロセスチーズの原料目的で輸入されるナチュラルチーズに限り、プロセスチーズの国内メーカー向けに割り当てられる無税措置があります。

バター、チーズとも国内生産を持つ日本は、海外からの安価な輸入品を関税によって牽制し国内産業を安保しています。

***CIF〈運賃、保険料込み案件〉…貿易による取引案件のひとつ**

「クロケット ルガール」

フライパンにルガールバターを入れ、たっぷりの玉ねぎとひき肉にじっくり火を入れます。別に茹でておいたじゃがいもを合わせ、衣をつけカラッと揚げます。風味豊かな「クロケット ルガール」です。

とんかつ自然坊《じねんぼう》

東京・久が原

「肉は肉屋、米は米屋、キャベツは八百屋、それぞれ任せて、オレはとんかつ揚げるだけ」1991年、脱サラ～開業した店主の口癖である。閑静な住宅地の人気店は、店主、お内儀、二代目の三ちゃん稼業でケレン味無し。「とんかつ→カツレツ→コートレット。ルーツを辿ってバターでパンフライしたけれど、オヤジのとんかつには勝てなかった」と宣《のたま》う二代目の新作は、具をバターでソテーしてクリームチーズをサンドしたコロッケ。今は亡き陶工・中川自然坊《じねんぼう》の刷毛目《はけめ》皿で供された。「味わい深いが重くないねぇ」一言漏らすと、「お皿は昔、自宅近くの器屋で見つけたの」キッチンで恥ずかしがり屋の声がした。「ん……?!　ああ、ね」

とんかつ自然坊
東京都大田区久が原4-19-24
12:00～15:00　17:00～21:00　**水休**　Tel 03-5700-5330

笹本彌《わたる》さん

「普段あまりバターを使わないのですが、ルガールバターに出会ったとき、クセのない風味豊かな素材を生かす力のあるバターだと思いました。」

ゑびす堂 博多・綱《つな》場《ば》町《まち》

「クリームチーズの西京味噌漬け」

西京味噌をみりんでのばし、日本酒で好みの甘さにします。この味噌床に、10日間程漬けたら出来上がり。このチーズを味わいながら、日本酒を一口含むとルガールのチーズの奥深さが心地よく広がることでしょう。

博多座の裏手、ひと気が途絶えた綱場町《つなばまち》の一角、その存在を隠すが如くのビルの中の数奇屋《すきや》のお店です。ビルのガラス張りのドアを開けると、ほのかにお香が焚いてあって、待ち構える杉板の引き戸と暖簾《のれん》の前で、深呼吸と身づくろいをついついしてしまいます。京都の町屋を思わせる鰻の寝床の奥にカウンター越しの調理場があり、親方が全てを見届けられるように、カウンター6席の後方にテーブルがただ二つ。早めの予約が必要になったのは仕方のないことかも知れません。私は、九州にマカロンを広めた仕事熱心で強面の職人Sさんにこのゑびす堂を紹介されたのですが、彼氏曰く「ゑびす堂の『削ぎ落しの美学』は職人としてハラハラする程胸がスク」のだそうです。確かに、素材そのものが極力薄味で少しずつ頃合いよく静かに出されるのですが、器がどれもこれも息を呑む美しさ。器好きなら、懐につい忍ばせたくなるような名だたる陶工の名品ばかりで、所作に困ることでしょう。

ナチュラルタイプのクリームチーズ開発当初からのお付き合いになりますが、写真の西京味噌漬けは、たくさんある前菜の一つとして供されます。友人のイタリア人は、タレッジョの熟成品と間違えていましたね。彼氏は、この一品で日本酒党になりました。見た目はちょっと硬くなったクリームチーズそのものなのに、全く別物になった深い味わいが脳天を刺激します。クラクラ。日本だって、フランスに負けず劣らず発酵文化の国なのだ、と再認識させられる逸品です。

食事を終え、店を出るお客全てを親方自ら玄関に立って火打石でカチカチッと魔除けをしてくれます。料理同様、あれこれ聞かされるより心地よいのは、きっと私に限ったことではないでしょう。

ゑびす堂
福岡県福岡市博多区綱場町5−18 博多献上ビル 1階
17:00〜23:00　日祝休　Tel 092-282-4825

店主 河原雅敏さん

「他社とは異なるコクと深み。一言で云うと格の違いをしみじみと感じさせられる。そう言わしめるチーズがルガールのクリームチーズの魅力ではないでしょうか。」

ル マノアールダスティン 東京・銀座

「お前、よく取材が許されたなぁ！ それも12月に……」昭和通り近くにあった頃のマノアールダスティンを紹介してくだすった元料理人の知人に驚かれました。知らぬが勝ち、素人の図々しさ岩をも動かす、であります。フランスのいわゆる星取りの同名レストランで4年間修業され、クラブNYX《ニユクス》始め数々のレストランを人気店に押し上げた五十嵐シェフのブールブランとブールノワゼットが好きで、図々しくもルガールバターをお試し頂き、去年の秋から本格的にご使用いただいています。テーブルバターは無塩バターの下に岩塩の板皿を敷いて提供されています。これには、フランス人も目から鱗《うろこ》。口うるさいラテン人を黙らせ、唸らせる切り札が、ここ銀座マノアールダスティンです。

「コーヒーの香りのクリーム　香辛料風味で味わう
2種の鰻料理と2種のパートのハーモニー 焦がしバターソース」

①クレープを焼きます。
②蒸してカットした鰻と鰻の肝をソース キャフェ ポアーヴル（白胡椒をきかせたコーヒー風味のクリームソース）で和え、イタリアンパセリの荒みじんを加え、①で巻きます。
③生の鰻の皮目に切り込みを入れ、塩、胡椒をし、粉をつけフライパンで周りを焼きます。
④③を網に乗せ、サラマンドルでソースキャラメルを刷毛で塗りながら、香ばしく焼き上げます。
⑤フォンドヴォー、赤ワインビネガー、焦がしバターでソースを作ります。
皿に②のクレープを乗せ、その上に④のキャラメリゼした鰻を3カットして乗せ、上からピンクペッパーをかけます。更に1カットごとに上から生春巻きを乗せ、最後にケッパー入りの焦がしバターソースを上からかけて仕上げます。

3億8000万年前の広大なヒマラヤの岩塩層から採掘される、稀少できれいな厳選されたピンク色の岩塩です。この貴重な岩塩にルガールのバターを乗せ、お客様のお好みでミネラルもたっぷり含んだ岩塩を削りながらバターをお取り頂いております。味覚と視覚でお楽しみ頂ければとご用意させて頂いております。

シェフ 五十嵐安雄さん

「とてもきれいな味わいのバターだと思います。特に料理に使った時、ソースを仕上げる時に、雑味のない澄んだ味わいに仕上がるのでたいへん気に入っております。」

ル マノアールダスティン

東京都中央区銀座6-5-1 ブリオーニ銀座ビルB1

11:30〜16:00(14:00 LO)　18:00〜24:00(21:00 LO)

無休　Tel 03-5568-7121

column

有塩バターと無塩バター

日本人は、世界中でも最も塩の摂取量が多い食生活を送っていると言われています。確かに漬物にしろ、干物にしろ、味噌にしろ、醤油にしろ、塩を多く使う食材がたくさんあって、古来、塩が食品の保存方法の最右翼であったことを改めて思い起こさせます。

だからでしょうか、日本ではテーブルバターとして消費されるものも圧倒的に有塩バターが好まれるようです。最近は、生乳の減産からか、スーパーマーケットのバターの陳列が減りましたが、販売されている大半が有塩バターです。日本の業務用バターの需要の大半は無塩バターですが、それは調理目的だからであって、バターの直接摂取とは異なるからでしょう。

ところが、フランスのバターの有塩・無塩事情は随分と趣が異なります。例えば、ブルターニュのバター消費のマジョリティーは有塩バターであり、パリ周辺の需要の大半は無塩バターであったりします。つまり、フランスの有塩バターと無塩バターの嗜好には地域差があるということです。

そのわけは、「ブルターニュが海塩の産地だから」とか「大都市パリの人間は洗練されているから薄味なんだ」とか「ケルト人はハードワーカーで塩分を多く欲した」とか、様々なヒトからいろんな御託宣を聞かされて来ましたが、「どれもこれも、なんかマユツバだなぁ」と思っていました。

ところが最近、フムフムとかなり納得出来

る話をフランス人に教わったのが、「過去のガベル（＝塩税）に関わっているのではないか？」とする見解です。甚だ簡単ですが、ご紹介したいと思います。

それは

「中世の百年戦争後、ブルターニュ女公アンはルイ12世と結婚しブルターニュはフランスに併合される→ブルトン人の独立を望むアンの死後1532年のフランスとブルターニュの正式統一に際し、アンの娘クロード王女を王妃とするフランソワ1世はブルターニュに塩税免除の特権を与える→フランス全土に展開された塩税自体はフランス革命まで続き、その後ナポレオン治世に復活し1945年まで続いた」

という歴史の中で

「食品の保存用途として当時最適だった塩が、ブルターニュでは長らくTAX FREEであったが為に需要が高かったのに対し、税率の高低はあるもののガベルが厳しく徴収されたが為にその他の地域（但しフランダースとアキテンを除く）の塩の需要は当然ながら抑制された」

というもので、塩税の有無がブルターニュの有塩バター嗜好の伝統を、それ以外の地域での無塩バターの嗜好の伝統を築いたのだろう、と結ばれます。

飽くまで私見ですが、世のヒトのリアリズムを考えると、かなりマトモな見解ではありませんか？

ステーキ島崎 熊本・花《はな》畑《ばた》町《ちょう》

「タルトタタン」

鍋にグラニュー糖120g、ルガールバター120gを入れ、四つ切りしたリンゴ（4個くらい）を並べ弱火でキャラメル状になるまで火を通します。冷ました鍋にパイ生地を乗せオーブンで40分焼く。少し冷ました後、皿にひっくり返して出来あがり。

店主 島﨑博さん
「タルトタタンのパイ生地にルガールバターを練り込むことで、焼き上がりの香ばしさが一層引き立ちます。リンゴをキャラメル色に煮詰めていく鍋にも発酵バターを加えることで、リンゴの芳醇な香りやコクが深まります。」

「こりゃ、懐かしい！　神戸の味ですよ！」宝塚出身の先輩が、ハンバーグステーキを一切れ口に入れた途端フォークを置き、ロマンスグレーの髪に手をやりながら眼を見開いた。「帰省して店を出して30年を越えます。昔、神戸倶楽部にお世話になっておりました」初めて親方の肉声を聞く、ような気がした。仏人の友がチンプンカンプンの日本語にはお構いなしとばかりに、黙々と皿に残ったハンバーグステーキのソースをパンに付け回していたその時、「タルトタタン」が供された。彼氏、日本人の間に分け入りカタカナ英語で開口一番「ばあちゃんのタルトタタンとオンナジ！」。饒舌《じょうぜつ》になった仏人に対して「ほらよっ、これが決め手！」というふうに親方は、無言で使い掛けの塊を冷蔵庫から取り出してカウンターに置いた。包装紙はそのままに綺麗にもう一重ラップされているバターだ。「クール！」似つかわしくない言葉が店に響いたが、みな何故か和んだ。

ステーキ島﨑
熊本県熊本市1-7-7 GMビル3階
17:00〜24:00　日祝休　Tel 096-322-5387

季節の海産物と畑のフランス料理　ヌキテパ

東京・五反田《ごたんだ》

「イサキのカラメリゼ　土とバターのドレッシング」

土とバターを温めて、塩と胡椒少々を振って、ドレッシングを作ります。イサキは表面をカリッと焼いて、野菜の上に乗せ、先ほどのドレッシングをかけます。土風味として野菜の根っこも添えます。

「キウイフルーツとバターのミルフィーユ」

生地に砂糖を振って焼きます。中に入っている部分は、ボウルに刻んだキウイを入れ、砂糖を少しとレモン汁を振りかけます。溶かしバターを入れて掛け合わせ、少し冷ますとまとまるので、それをパイ生地に挟んで出来上がりです。

ルガールクリームチーズと生クリームソースのヌイユ 白トリュフ添え

クリームチーズのスライスと生クリームを温め、塩、胡椒する。ゆでたヌイユをその中に入れ合わせます。皿に盛り、白トリュフをかけて出来上がりです。

「クリームチーズと椎茸のカルパッチョ レモンのグラニテ添え」

椎茸を表面だけ炙り、クリームチーズと交互に並べて、オリーブ油をかけ、粗塩と胡椒、エシャロットを振りかけます。レモンを絞り、凍らせたものを添えます。

「ルガールクリームチーズのステーキ」

クリームチーズにパン粉を塗り、多めの油で裏表をこんがり焼きます。ソースはオリーブ油を温め、ニンニクとエシャロットを炒めます。最後にローズマリーとセージで香りをつけ、仕上げにレモン汁を少々振りかけます。

「土とルガールバターのグラッセ」

土を熱処理し、裏漉しして不純物を取り除きます。その土にバター少々と砂糖と水を入れて煮ます。それを冷まし、シャーベット状にします。

ジャック・ブレルの名曲ヌムキテパは「行かないで」、ヌキテパは電話口で「少々お待ちください」くらいの意味でしょうか。重さというか軽さというか、似ていて非なるフランスの2語ではあります。グラスハウスを思わせるヌキテパの店内は、ここが東京城南の街中にあることを暫し忘れさせてくれるオアシスの軽妙さがあります。ランチをたらふく食べてなお、そのまままどろみたいリゾートの心持ちにしてくれます。

過去幾度となくTVや雑誌で紹介された田辺シェフのお人柄は、皆さんご承知の通り、軽妙洒脱で人懐っこい。お定まりの魚のスープやハマグリのグリエとは別に、訪れる度に「こんな手があったか!」と驚かされる独創の一皿があるので、ファンは更に中毒になるのです。研鑽の重さをおくびにも出さない優しさは、一体何処から来るのでしょう。

ヌキテパさんは、実はルガールのバターもクリームチーズも日本で最初に採用して下すったレストランで、SILL社のスタッフの来日には必ずディナーのリクエストがあるお店です。

シェフ 田島年男さん

「味は濃厚に感じるが、雑味がなく軽いので色々な料理やデザートになりやすい。何度食べても飽きず、また食べたくなるのは、このクリームの質の良さだと思う。」

季節の海産物と畑のフランス料理　ヌキテパ
東京都品川区東五反田3-15-19
火 18:00〜23:00　**水〜日** 12:00〜15:00／18:00〜23:00
月休　Tel 03-3442-2382

お菓子の店 アリタ

長崎・時津

写真提供 アリタ

「しあわせフロマージュ」

チーズ風味のスフレ生地に、ほどけるようなふんわりとした口溶けのオリジナルのチーズクリームをサンド。ほのかに心が温まるような優しいおいしさは、贈る人の気持ちがそのまま伝わるようです。
愛らしいエンジェルのパッケージに包まれた、幸せのおすそわけをご賞味ください。

お菓子の店 アリタ 時津店
長崎県西彼杵郡時津町元村郷松山406-1
9:00〜20:00　無休　Tel 0120-111-999

若くして稼業のケーキ屋さんを継がれた有田さんは、長崎にARITAあり、と言われる人気店を作り上げた。長崎郊外のお店には開店早々お客さんが車を走らせやってくる。生菓子、焼き菓子、ショコラ、アイスクリーム、明るくなんでもござれで、屈託がない。甘党なら皆、目が迷ってしまうだろう。そんな中、老若男女に人気が高いのが、このパフケーキだ。パフもサンドされたクリームも兎に角口溶けがすこぶるよろしい。そして最後にルガールクリームチーズ入りのクリームの「ミルキーフレーバー」がほんのり軽い酸味とともに口の中に幕を張るように広がった。まさしく、クレム シャンティイの味わいである。SILLの次代の跡取り息子は土産にこの「しあわせフロマージュ」をダース持ち帰った。クリームチーズの用途を知らないフランス人従業員に一袋ずつ配るのだそうである。ヨシヨシ、イイ子だ!

代表取締役社長　有田好史さん

column

ブルターニュ原産（特産）の チーズがない不思議

「世界中には3000種以上のチーズがあり、そのうち400種以上がフランス原産で現在（2015年）でも350種類以上のチーズがフランス各地で生産されている」とよく言われます。兎に角、フランス各地には特産の特徴的なチーズがあるということです。それは分かるのですが、集乳量50億リットルにならんとするフランス随一の生乳生産地ブルターニュに特産のチーズを見たことがありません。

懐かしいアメリカのアニメ「トムとジェリー」に登場するチーズ、エメンタールはスイス・エメンタール地方が原産ですが、今日ブルターニュはフランス国内随一のエメンタールの生産量を誇っていたりします。同じような例ではミモレットがあります。小泉首相が郵政解散を決めた時の密談は「ビールを飲みながらこれをツマミで……」と森元首相が報道陣にリークした時手にしていたのがミモレットで、あれ以来日本で人気になりました。トムとジェリーからちょっと横道にそれてしまいました。もとい。ミモレットは元々オランダのエダムが源流のようですが、今日ブルターニュでも多く生産されています。

「乳量が豊富なのに、フランス人になくてはならないチーズのオリジナルがブルターニュにはない」と気づいたのはもう何年も前のことで、ことあるごとに何故？　とブルターニュ人に質問をぶつけてきました。ほとんどの回答は、「バターがあるからいいじゃない」というもの。最近、パリの寿司屋の親方から「ブルトンもの（魚貝類）は良質で高い」という話を聞いた時ピンときました。そう言えば、ブルターニュ人は魚貝類をよく食べます。生牡蠣、ランゴスチン（手長海老）、帆立、舌平目、サンピエール（的鯛）、マグロ、イワシなどなど、種類も豊富です。魚貝類ばかりでなく、畜産も盛んですから、肉類も安価で豊富です。

これはよくブルターニュ人が言うセリフですが、「世界中の農水産業と食品加工業のGDPの合計の2%がブルターニュだけによるものだ」そうです。第二次大戦以前はフランスでも最貧地域と言われていたブルターニュは戦後中央政府からの莫大な補助金もあって、大発展しました。今では政治的にも安定し、最も豊かな地域の一つになっています。戦後復興を遂げたブルターニュ人にはそれはそれは言いたいことが山ほどあるでしょう。

　戦火によって、ブルターニュは大きな被害を受けました。Uボート基地だったブレストなどは、連合軍の爆撃による破壊で歴史的建造物が皆無に近い状態です。パリからブレストに向かうと戦後に建てられた合理的な建物ばかりで何か殺風景な印象さえあります。戦争被害が大きかったブルターニュに復興費が多く投じられたのは当然でしょうが、その裏には中央政府からすれば食糧安保の目《もく》論見《ろみ》が在ったのも事実でしょう。更に、ケルト系の住人がほとんどのブルターニュのフランスからの分離独立を阻止する狙いも在った筈です。

　話を地域特産のチーズに戻しましょう。要するに昔から、ブルターニュでは容《た》易《やす》く良質の蛋白質《たんぱくしつ》を摂取する方法がふんだんに在ったので、元来保存食の性格の強いチーズを作る必要がなかったのではないか？　と思うのです。海産物の恵みばかりでなく、温暖で湿潤な海洋性気候は家畜の飼料生産にも恵みを与えたのです。古来、ブルターニュ人はチーズが無くても生活に支障なかったから、きっとオリジナルなチーズがないのだ、とは言えないでしょうか……。

　事実、地域特産のチーズの数々はフランスの内陸部に多く点在しているように思われます。ブルターニュに比べれば乾燥期が長い地域で、昨今、酪農家の廃業が目立つ地域です。酪農には自前の飼料生産が不可避であることの証です。クラフトワーク、あるいは伝承文化としての特産チーズ作りとチーズインダストリーとの比較をここで見て取れる訳です。

フランス料理
ペシェミニヨン

福岡県・西鉄平尾

「リ ド ヴォのムニエル　温野菜添え」

子牛の胸腺(リ ド ヴォ)は出来ればノア(Noix)を使いたい。癖の無い淡白な味わいは、上質の香りのバターが生きる素材です。リ ド ヴォは塩・胡椒し、軽く小麦粉を付けルガールバターでこんがりとムニエルします。季節の野菜はルガールバターで合え、リ ド ヴォに添えます。それぞれの季節の野菜のおいしさがバターと溶け合います。

「甘鯛のポワレ　カリフラワーのヴルーテ」

“ビロードのような　滑らかな”という意味を持つ“ソースヴルーテ”塩、胡椒したカリフラワーをたっぷりの焦がしたルガールバターでしっかりと色づくまでソテーし、ミキサーにかけてソースとします。塩・胡椒した甘鯛をオリーブオイルでソテーします。薄くスライスした生のカリフラワーに軽く塩をし、カリフラワーのヴルーテソース、甘鯛の順に盛り、こんもり飾ります。

「豊前海《ぶぜんかい》牡蠣のブールブラン　根セロリとビーツ添え」

豊前海の旨みたっぷりの豊前海一粒牡蠣、大粒の牡蠣をオリーブオイルで軽く火を通します。みじん切りしたエシャロット、白ワイン、ノイリー酒を火にかけ、冷たいルガールバターを入れ濾し、ブールブランソースの完成です。塩茹でしたビーツを細かいさいの目に切り、ブールブランソースに入れピンク色に染めます。塩茹でした根セロリを同じ大きさのさいの目に切りちらし飾ります。

「ミルフィユ」

食後のデザートにお出しするミルフィユで大切にしていることは、直前に作り仕上げること。“サクッ”“ハラハラッ”“フラッ”“カリッ”軽い食感と　それでいて舌に残る美味しさを心がけています。優しく軽く、崩れる時の歯ざわり、存在感のあるパイ。そのためにはまず、良質のバターが欠かせません。香り高い発酵バタールガールに負けないバニラたっぷりのクレームパティシエール大好きなデザートです。

「パンデピス入りチーズケーキ」

滑らかで軽いチーズケーキが食後は美味しく感じます。香辛料のたっぷり入ったパン＝パンデピス。その香辛料を入れたチーズケーキを作りました。しっとりした滑らかなルガールクリームチーズは軽やかに美しく仕上がります。あえて湯煎焼きせず、一気に目いっぱいに膨らませます。オーブンから出し、冷ます内に沈みますが、軽やかな密度のある食感が出ます。塩キャラメルのアイスクリームと一緒にどうぞ。

東京やフランスの有名店で長く修業なすったシェフが、ほとんど日本的なアレンジを加えることなく直球勝負のフランス料理を提供する数少ない九州のお店です。「フランス料理はアレコレ難しい」とおっしゃる御仁もシェフの奥様が優しく丁寧に料理とそれに合うワインを説明してくれるので、大変注文し易い筈。料理はあくまでフランス流、接客は改めて日本式とでも言いましょうか、長くリピートするお客さんが多いのも頷けるというもの。ただし、お気をつけ頂きたいのは、料理の量もフランス流ということ。寡黙なシェフの心意気を強く感じます。目一杯お腹を空かせて伺いましょう。

オーナーシェフ
松尾秀敏さん・直子さん

乳酸発酵から来る軽い酸味がとても心地良い。バターの脂肪の粒子がとてもきめ細かい印象。そのためパイ生地（パートゥ・フィユテ）が軽く、香り高く仕上がる。私の理想としているパイ生地に仕上がります。

フランス料理　ペシェミニヨン
福岡県福岡市南区大楠2-3-18 ライオンズマンション大楠1F
11:30〜14:00　17:30〜21:00　**水休**
tel 092-522-2366

column

パリの牡《か》蠣《き》小屋

パリを散歩すると、海産物を売り物にしているレストランの外、道路に沿って牡蠣小屋があるのに気づかれることでしょう。あの小屋で殻から身を剥かれた牡蠣が大皿に並べられていわゆる「フレ デ メール」として店内で供される次第です。何段も生牡蠣の皿を塔のように重ねて、生牡蠣をバクバク食べて、合間にパンにバターをたっぷり塗って食べる、アレですね。フランスでは、牡蠣は生で食べるもの、と決まっているかのごとく、調理された牡蠣にはお目にかかりません。

パリの風情の中の旅の思い出のワンシーンになるに違いありませんが、一度腹を下した経験のある私としては「何かこの牡蠣、古くな〜い」なんて言いたくなる臭いがしたりして、生牡蠣はパリじゃなくて、ブルターニュの田舎か日本で、と決めていますが……。

この牡蠣小屋が、ほとんどの場合、独立採算の経営です。つまり、レストランの一部ではないのです。レストランは、牡蠣剥き業者から牡蠣を仕入れてお客に売る訳で、見方によれば牡蠣小屋はレストランにパラサイト（寄生）している格好です。

この牡蠣小屋ですが、実は譲渡可能な免許制で、歴史的にほとんどのオーナーがブルターニュ人です。ブルターニュの牡蠣をパリに移送し販売したのでしょう。一種の出稼ぎでありますね。

牡蠣小屋の権利譲渡には相当の金額が動くそうで、さすがは世界中からオノボリサンを掻き集める大消費地パリ。牡蠣の小屋一つとて大ごとです。

父親からこの牡蠣小屋の権利を相続したパリ在住のブルターニュ人の男Jは、小屋を売り払った金で亡父の故郷ブレストの郊外のラ ベル ラックという海辺の村の客室20ほどの小さなホテルを買ってリニューアル営業しました。今から17年前の話です。天使の湾という名のそのホテルは長い間私の定宿でしたが、人気が出てナカナカ予約を取れず、今は疎遠になりました。毎朝、昔ながらの焼き目の濃いバケットと無殺菌のルガールバターとヨーグルト、それにフルーツカクテルが出されたのを今でも思い出します。

シャトレーゼ
焼き菓子三種

上　「サブレ」／中　「アーモンドパイ」／下　「ガレット」

2013年シャトレーゼさんは、もともとネスレグループの菓子工場だったオランダのメートルポール社を買収しました。兼ねてより、ルガール・ブランドのバター、特に「前発酵＋連続チャーニング製法」でできたプルーヴィエン工場製のバターに高いご評価を頂いており、以来、メートルポール社は乳業国オランダにありながら、フランス・ブルターニュのSILL社製品の極めて重要な需要家になっています。本品は、原料バターそのものの輸入では日本の高関税に阻まれ使用できなかったことをオランダの白社工場で生地までを製造し、それを日本に輸出し、国内の工場で成型→焼成することで日的を達成されました。焼き菓子は、原料バターによって如何に違いが出るか？ の好例です。

column

前発酵と後発酵

発酵バターと言っても、2種類の製法があることをご存知でしょうか？

いわゆるPRECURTURED BUTTER即ち前発酵バター（通称「前塡」マエテン）とNIZO BUTTER即ち後発酵バター（通称「後塡」アトテン）です。

前発酵バターはしばしば伝統製法などと言われて高級品扱いされますが、何が高級なのでしょうか？　簡単に説明してみましょう。

前発酵バターとは、バターの原料となるクリームを発酵させてからチャーニング工程にかけてバターを作る方法です。元々の原料が発酵されている訳ですからチャーニング工程で分離される副産物のバターミルク（液状）も発酵されることになり、タンパク質や炭水化物など乳成分を含んでいるもののほとんど使い道が無く、商品価値がありません。副産物に価値が無ければ、主産物のバターの価格を上げなければなりません。それが前発酵バターの現実です。

翻って、後発酵バターは、発酵バターの伝統製法つまり前発酵バター製法の経済的弱点を克服する目的で、オランダの国立乳業研究所（オランダ語のNetherland Instituut Voor Zuivelonderzoek）で開発されました。それでNIZOバターと総称されています。それは、チャーニング工程で産出される副産物のバターミルクを発酵させずに脱脂乳→脱脂粉乳の生産工程にリサイクル使用できるように考案されたもので、簡単に言えば、原料クリームを発酵させずにチャーニングして出来たバターに、発酵液を塡加して発酵バターを作るというものです。副産物たるバターミルクが転用出来るので、

原料乳工程ツリー

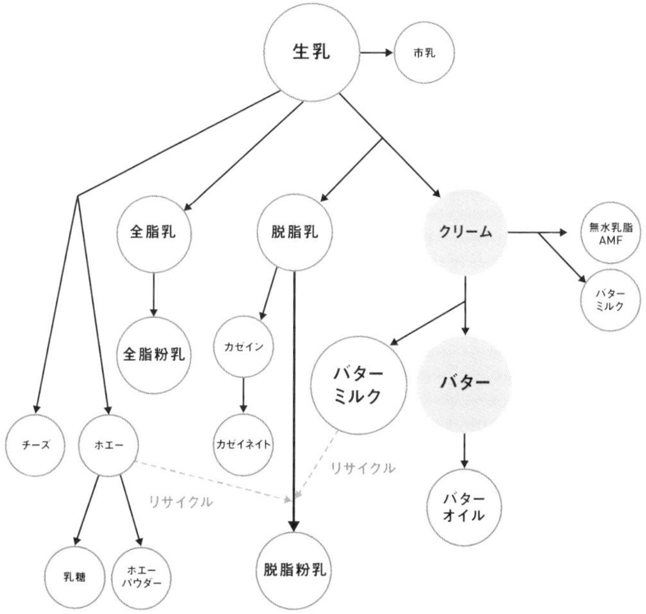

そこに価値が生まれ、主産物たるバターの価格を抑制することができる訳です。底流に、「無発酵バターの発酵バター化」という施策が読み取れます。無発酵バターが主流のオランダは貿易に長けたお国柄で、より安価な発酵バターの需要に応えるが為にNIZO製法を創出したのでしょう。さもなん、と言った感じです。

ですから、後発酵バターは、日本語で云う処の「もったいない」思想から生まれた産物と言えるかも知れません。つまり、後発酵バターは効率的であり、前発酵は非効率ということになります。当然、価格は前発酵バター＞後発酵バターであり、生産量は世界的に圧倒的に前発酵＜後発酵です。ですから、これは余り日本では認知されていることではありませんが、発酵バターの本家フランスにおいても、前発酵バターの生産量は全体の10％に遠く及びません。

冒頭で述べました、前発酵バターがしばしば高級品扱いされる理由がそこにあります。

column

頑なに前発酵
～非効率との闘い～
ボリュームと手間のバランス

ルガール・ブランドの所有者であるSILL社のバター生産には二つの不文律、つまり掟があります。即ち、

①原料乳はブルターニュ地方フィニステール県北部の 契約農場で搾乳されたものに限り、混乳を許さない（つまり、他地域産の原料乳を使わない）
②バター製法は、チャーニング工程にドラム式と連続式の2種をもつものの、いずれも前発酵製法で、NIZO製法を否定する

であります。

ここで、それぞれを少し詳しく説明します。①混乳、つまりオリジンがまちまちな原料乳を集めて使用する乳業の否定は、現在の乳業会社にとって至難の技になっています。もっとも、これは、「一つの牧場が生産乳の付加価値を上げるために自前のバター製造装置を持って製造ブランド化し、直接市場に売り込む」と言ったような日本の地方経済活性化の美談のような小規模乳業に当てはまるものではありません。年間数十万トンの原料乳全てをバター工場から概《おおむ》ね半径40km圏内の地元の酪農場で搾乳されたもので賄っているSILL社の経営が現在の乳業界では少々大袈裟《おおげさ》ですが奇跡に近いと言えるのではないか、と思います。年産500トンのバター製造会社が行なっているような集乳形態を年間1万トンのバターを製造可能な乳業会社が施行していることのコントラストを思い浮かべて頂きたいのです。これは、乳業会社の販売力を含めた原料乳の処理能力ばかりでなく、生乳の供給者たる酪農場の

搾乳力の大きさが同時に問われる命題です。世の中にママある「乳牛に適した自然環境」などという漠然とした宣伝文句では語り尽くせぬ極めて限られた地域で搾乳された生乳のみを使用し、いわゆる混乳を否定する乳業会社の中で、規模においてSILL社以上の事例を私は世界中で見たことがありません。

②SILLは1993年にカンペールのバター工場ルガールを農協系乳業会社アントルモンから買収しました。そのことにより、SILLは、本社プルーヴィエン工場の連続チャーン工程と元々のルガールのカンペール工場のドラムチャーニング工程の両方を持つことになったわけですが、どちらも前発酵製法を決まりごととしています。別項でも申し上げましたが、連続チャーンはロット生産で、ドラムチャーンはバッチ生産です。ロット生産は大量生産を意味しますから、効率を考えるとNIZO製法つまり後発酵バターを生産するのが一般的でしょう。ましてや、プルーヴィエン工場には乳粉工場もあり、NIZOバターにすれば、バターの副産物バターミルクが脱脂乳にリサイクル出来て、効率的です。しかし、SILL社は頑なにそれをしません。前発酵バターの方が味がイイと信じているからです。更に、このプルーヴィエンの前発酵＋連続チャーン製法の生みの親、先代社長の奥方・現社長の母君は90歳を超えて矍鑠《かくしやく》としてこう言います、「このシステムがSILLにはベストチョイス。味も良くてたくさん作れるじゃないの」と。

とりやき八

福岡・九州中央病院前

「ぢどりとクリームチーズのホットサンド」

食パン2枚を使用します。1枚の食パンにとり肉味噌を塗り、レタスを敷きます。その上に炭火で焼き1cmサイズにカットしたぢどりのもも肉を乗せ、同時にルガールのクリームチーズも2cmサイズにカットして乗せます。もう1枚の食パンで上からフタをし、表面に鶏の香味油をたっぷりかけ、ホットサンドメーカーで表面に焦げ目がつくまで焼きます。

「鶏そぼろのクリームチーズ寄せ」

ぢどりのミンチを醤油、みりん、酒、砂糖で炊きます。ルガールのクリームチーズを蒸してやわらかくし、煮きった酒と合わせます。炊いたミンチを蒸したクリームチーズと合わせ、冷蔵庫で一晩冷やし固めたものに、クラッカーを添えて提供します。

大将 八坂学さん
「ルガールのクリームチーズは味に癖がなく、しっかりとしたコクを感じます。様々な料理に合わせる事ができそうです。」

十数年割烹を皮切りに食事処で修業を積んだ店主が、これだ!と思い立って独立したのは、鶏肉をメインに据えたお店。日本で最も焼鳥屋が多いと言われる福岡では、なかなか勇気のいる決断だったはず。それにはそれなりの戦略がありました。

店名の示す通り、やきとりではなくとりやき。串に刺し鶏肉を直火で焼くあのやきとりではなく、備長炭のコンロの上に、井桁になった特注の鉄板を置き、その上に一口大にカットされた鶏肉の様々な部位を乗せて、各々が好きに焼いて食べる手法。ちょっと見には焼肉だが、井桁の鉄板は緩やかに屋根のように傾斜していて、余分な油を落とすように細かく工夫されている。こうゆう若い人のアイデアにはホント頭が下がります。鶏肉好き、と自称する御仁を連れて行けば必ず「こんな手があったか!」と喜ばれること請け合いです。

「鶏を邪魔しない副素材はないですかね?」と聞かれてクリームチーズを紹介したのがカレコレ一年前になるでしょうか。果たして、写真の2品が去年の秋から献立に乗って「どちらも一度食べたお客さんは必ずリピートしてくれるようになった」とか。「ディップをご注文のお客さんがクラッカーの追加を言われるので、最初はよくコンビニに走りました」と言う店主の笑顔を見ると、人気のひみつはその味だけじゃないなぁ、とつくづく思います。

とりやき八
福岡県福岡市南区向野2丁目1-8 ロワールマンション大橋51F
17:00〜24:00　**日休**　Tel 092-561-2808

メゾンド ヴァン 鶉亭《うづらてい》

京都・祇園四条

「オマール海老とクリームチーズのムース　オマールビスクのエスプーマ」

ルガールクリームチーズを生クリームで延ばしたムースの上に、オマール海老とそのコンソメのジュレに、香味野菜を合わせたソースを流し、オマール海老のビスクのエスプーマを飾った、彩りの良いアミューズです。

「甘鯛のカリカリポワレ 木の芽のブールブランソース」

甘鯛は「ぐぢ」とも呼ばれる、京都らしい魚です。上品な旨みのある高級魚で、和食の技法と同じく鱗《うろこ》を付けたままポワレして、皮のカリカリ感を出し、身をふっくらと仕上げました。この甘鯛に合わせるのは、ルガールバターをたっぷり使ったソース、ブールブランに木の芽を風味にしたもので、バターのコクとなめらかさがしっとりとした味わいを楽しませてくれます。

「ニューヨークチーズケーキとグリオットのジュビレ」

生クリームたっぷりのルガールクリームチーズを使ったニューヨークスタイルのチーズケーキです。ゆるく泡立てたメレンゲ入りの生地をオーブンで焼き、クリームチーズと合わせセルクル状に仕立て、グリオット（ダークチェリー）をチェリーブランデーの香りと共に、ジュビレソースを掛けて仕上げました。

メゾンド ヴァン 鶉亭

京都府京都市下京区木屋町通四条南団栗上ル斉藤町140-16

17:30～24:00　日・第2月休　Tel 075-351-4005

　団栗橋《どんぐりばし》のそば、鴨川と高瀬川の間の昔の粋筋の街にタイムスリップしたかのようなイカニモの京都に、あたかも身を隠すがごとく佇むワインバー鶉亭さんが、実は関西以西で初めてルガールのバターとクリームチーズを使い始めてくださったお店です。いわゆる鰻の寝床の奥に細長〜い町屋の床下は実はワイン蔵になっていて常時900本のワインが備わっているのですが、ギラギラッとワインクーラーなんぞを披瀝しない京都の美意識に触れて客は日本人に回帰します。琵琶湖の畔の西洋チックな巨大ショッピングモールを友人の菓子メーカー重役と視察して疲れた後、京都で早めの夕飯をとって帰京しよう、と鶉亭さんへ。

「イカツイ時計は外して店に入ろうぜ」
「男二人で、時を忘れて……という意味かい?」
「否、壁板や皿を傷つけない為さ」
「分かんない、意味ないよ」
「君ん処の工場だって、入る前に時計を外させるじゃないの」
「それは異物混入を防ぐ為」
「要するに、問題回避さ、同じだよ」

今更作ろうにも作れぬ設えがあって料理もまた映えるというもので……。

オーナーソムリエ　山口訓生さん　シェフ 東野正和さん
「クリーミーでしっかりミルクの味がするルガールクリームチーズは、酸味も穏やかで調理しやすく、もちろんそのままでも美味しく頂けます。バターは風味がとてもよく、焦がしバターにしたときの香りの良さは圧倒的です。」

pain stock 福岡・箱崎

「パンストック」

「クリームチーズとクランベリーのルヴァン」写真上

クランベリー、ブルーベリー、カレンツがたっぷり入った、果実感あふれるライ麦パン。天然酵母を使用しているため風味よくもっちりとした生地が、ルガールクリームチーズを包み込んでいます。フルーツの甘み、ライ麦の酸味、クリームチーズの旨みがベストバランスです。

•「イタリアの恵み」写真左下

イタリア料理の前菜、カプレーゼをイメージして作ったパンです。バジル、トマト、クリームチーズに、もっちりした生地を組み合わせた、ひとくちサイズのパンです。

•「クリームチーズとベーコンソテーのくるみパン」写真右下

長時間熟成のくるみのバゲットに、ベーコンのソテーとルガールクリームチーズをはさんだサンドイッチパン。熟成によって引き出されたくるみパンの旨みが、ベーコンとクリームチーズによく合います。

福岡や東京で多くの修業経験を持つ若きオーナーシェフが、2010年に開業するや否や瞬く間に超人気店となったパン屋さんである。毎日開店と同時に車で乗り付けて来たお客さんでいっぱいになり、夕方まで客足が途切れることがない。店名のパンストックには「冷凍保存して、欲しい時に欲しいだけ取り出して、美味しく食べられる、食事としてのパンを提供したい」とのオーナーの思いが込められているという。日本人の食生活に合ったパン作りを目指した結果だそうだ。冷凍耐性を備えるため吸水量の多い、低温長時間発酵の生地で50種類以上のパンを提供している。入口近くの大きなオーブンから常に香りが漂い、工房の作業を眺めながら、殆《ほとん》どの商品に大きく切ったサンプルが用意され、お客は巡回しながら出来たてのパンを安心して買うことができる。心憎いまでのおおらかな演出である。

pain stock（パンストック）
福岡県東区箱崎6-7-6　10:00～19:00
月・第三水休　Tel 092-631-5007

オーナー 平山哲生さん

「ほのかな酸味となめらかな食感がとても好きです。焼き込んでもパサつかず風味がしっかり残り、パンにも向いていると思います。」

ダイニングバー とら

東京・自由が丘

「クリームチーズとおかかと山葵のおにぎり」

土鍋で焼き上げた熱々のご飯で握ることにより、ほど良くとろけたルガールの濃厚でコクのあるクリームチーズとおかか、醤油の香ばしい香り、そしてアクセントとなる山葵が、ピッタリとマッチします。

牛も、自分のお乳が東京の空の下でおにぎりの具になっているとは夢にも思うまい。

「このお酒にあう食べ物はなんだろう」と料理をつくることばかり考えている自由が丘のとらさん。だからとらさんのメニューにはジャガイモのガレットと麻婆豆腐と子羊のローストとガトーショコラが並んでいる。そのとらさんが特別メニューで食べさせてくれたクリームチーズのおむすび。クリームチーズの親分・大澤さんと、とらのあるじ・猪野雅之さんが「おむすびにしてみたらどうかなあ」とひらめいた。醤油を少したらしたおかか、わざびとクリームチーズをそれぞれ用意します。手に塩をつけて、小さいお茶碗1杯くらいの炊きたてのご飯ですっぽりとつつみこみます。繰り返しますが炊きたてであることが重要です。熱でクリームチーズが溶けてほかの具と混じり合います。そのあと海苔を全面に巻く。これらの舌触りと匂いが全部調和して素朴でじんわりくる。いいお店だなあ。とらさんのおむすびは大きい。どっしりと重みがあって、あたたかく頼りがいのあるおむすび。両手で持ってはむっとほおばる。口がふさがってなんにも言えなくなるのが楽しいいし、ふほふほひひい（すごくおいしい）。　（浅生 ハルミン）

店主の猪野《いの》雅之さんと。

ダイニングバー とら
東京都目黒区自由が丘1-11-1-3F
18:00〜2:00　日祝休　Tel 03-5731-5131

column

提案！　テーブルロール・ルガール

「国産バターが品薄で困っている。何か良いアイデアはないか？」というお問い合わせを昨今特に市井のパン屋さんから受けます。そこで考えたのが本品。フランスパン用の小麦粉にクリームチーズを練りこんだもので、パン講師の渡辺睦さんに創って頂きました。料理に良し、サンドイッチに良し、スープに良し。発酵クリームの香がほのかに漂い、テーブルバターを必要としない一品となりました。

試作品 Recette　テーブルロールルガール

材料	%
フランスパン専用粉	100
天然塩	1.8
インスタントドライイースト	0.5
モルト	0.2
改良剤	0.5
水	66
ルガールクリームチーズ	50
合計	**219.0**
ロス率2%	**214.62**

工程

・ミキシング：低速7分　中速1分
・捏ね上げ温度：24℃
・チーズ混ぜ込み：スケッパー手混ぜ
・発酵時間：60分ガス抜き、
　　60分2つ折、30分
・分割量目：四角タイプ 45g
　　丸型 40g
　　クッペ型 60g
　　ドッグ型 80g
・並べ：天板
・ホイロ：28℃　70%　30〜50分
・焼成：230℃　14分

トータル時間：約4時間

キルフェボン

「ブルターニュ産“ル ガール”クリームチーズのタルト」

キルフェボンの定番商品であるベイクドチーズタルトは、とてもシンプルな材料から出来ています。砂糖、薄力粉、コーンスターチに卵を加えたものと、“ル ガール”クリームチーズを混ぜ合わせます。そこにたっぷりの生クリームを加え、じっくりオーブンで焼き上げることで、まるでレアチーズのような食感が生まれます。

「リンゴと“ル ガール”クリームチーズのムースのタルト～ハチミツ風味～」

秋から冬にかけて旬を迎えるリンゴと相性のよい、クリームチーズとハチミツを選びました。
クリームチーズとアングレーズソースを合わせ、そこにたっぷりのリンゴピューレとリンゴの角切りコンポートを加え最後に泡立てた生クリームでムースを作ります。
焼き上げたシュクレ生地にたっぷりとリンゴチーズムースを流し込みます。
4種類の角切りリンゴを彩りよく飾れば出来上がりです。

「金平糖型 イチゴとバナナレアチーズのタルト」

子供から大人までみんなに愛されている“ショートケーキ”をイメージして作りました。バナナとクリームチーズで作ったムース、厚めのスポンジ、イチゴジャム、たっぷりの生クリームで組み立てられています。金平糖型のタルトの上に、イチゴ、バナナ、生クリーム、イチゴソースで華やかに飾りました。

「輪花型 クラウンメロンと
“ル ガール”レアチーズのタルト
～銀の星とともに～」

クラウンメロンの名の通り、王冠をイメージして作られたケーキです。レアチーズの作り方は、“ルガール”のクリームチーズにフロマージュブランを合わせ、なめらかなペーストを作ることから始まります。そこにアングレーズソースとゼラチンを加え最後に生クリームと合わせます。丁寧にカットしたクラウンメロンにラズベリーとマンゴー、そして銀色の星を飾りました。ふんだんに飾ったフルーツをしっかりと支えつつも口どけの良いレアチーズムースが絶妙な配合で作られています。

「波型 洋梨とハチミツのチーズムースタルト～しょうが風味～」

今ではお菓子の材料としても人気のあるしょうがをアクセントに、洋梨と春の花々から作られたハチミツのチーズムースでケーキを作りました。まずはハチミツを効かせたアーモンドクリームをブリゼ生地に敷き詰め、オーブンでじっくり焼き上げます。次にアングレーズソースにクリームチーズ、ラ フランスとル レクチエのコンポート、洋梨のピューレ、お酒、ハチミツを加えて作ったムースを、焼き上げた型に流し込みます。最後にハチミツ風味の生クリーム、ル レクチエ、ジンジャーペースト、ハチミツソースで綺麗に飾りつければ完成です。

「結晶型 桃のチーズムースと色とりどりのフルーツタルト」

ル・ガール・クリームチーズのムースに桃のピューレ、桃のコンポート、桃のお酒を加え混ぜ合わせます。焼き上げたタルト生地に、桃のチーズムースとスポンジを交互に重ねます。その上に自家製の桃ソースを流し、11種類のフルーツ（ラズベリー、ブラックベリー、イチジク、イチゴ、桃、マンゴー、若桃、ピンクグレープフルーツ、レッドグローブ、ブルーベリー、ブドウ）を飾ります。スパイスにジュニパーベリーを効かせてあります。

メロンにマンゴー、いちご、不知火《しらぬい》、グレープフルーツ。スライスされたメロンの重なりがおおーっ。いちごの断面がおおーっ。こんもりと盛り上がったマンゴーの下に隠されているのは、これまた細く切ったマンゴーというのにもおおーっ。迷いに迷って「熊本県天草産不知火のタルト」に決めた。

不知火のタルトは、プリンと、桜の香りをつけた生クリームの層にさくさくのタルト生地。薄切りにしてどっさりのせた不知火が、もぎたてのくだもののようにおいしかった。エリック・ロメールの映画で素足の女の子が手づかみでオレンジをかじるシーンがありませんでしたっけ? そんな幻が思い浮かぶくらいフレッシュで鮮烈で甘酸っぱい。そしてフルーツタルトの感動は最終的にタルト生地に行きつく。キルフェボンのタルトはバターの味がほかとぜんぜん違う。このなかに、あのブルターニュの牛の乳がいるんだ。はるばるとよく来てくれましたと思った。

（浅生ハルミン）

グランメゾン銀座

東京都中央区銀座2-5-4 ファサード銀座1F（テイクアウトスペース）／
地下1F（カフェスペース）
ショップ 11:00〜21:00　カフェ 11:00〜20:00
Tel 03-5159-0605

東京スカイツリータウン・ソラマチ店
東京都墨田区押上1丁目1番2号 東京スカイツリータウン・ソラマチ2F
ショップ 10:00〜21:00　カフェ 10:00〜21:00　不定休
Tel 03-5610-5061

静岡
静岡県静岡市葵区両替町2-4-15
ショップ 11:00〜20:00
カフェ 11:00〜20:00
Tel 054-205-5678

グランフロント大阪店
大阪府大阪市北区大深町4-20 グランフロント大阪
ショップ&レストラン 南館2F
ショップ 10:00〜21:00　カフェ 10:00〜21:00
不定休　Tel 06-6485-7090

京都
京都府京都市中京区木屋町通三条上ル恵比須橋角
ショップ 11:00〜20:00 カフェ 11:00〜20:00
Tel 075-254-8580

ラ フェ ミュルミュールは「妖精のささやき」の意味。
妖精はケルトの伝承で、ケルトの地ブルターニュの乳製品ブランド
「ルガール」を原料とする様々なお菓子を提供しています。
ミルクの妖精が原料乳製品のトレーサビリティーを静かに明かす、
というコンセプトが潜んでいます。

La fée murmure《ミュルミュール》

東京・押上

「クレーム ド コルヌ」

“ルガール”クリームチーズをふんだんに使用し濃厚でクリーミーな味わいのソフトクリームです。

「フィナンシェ キューブ バターリッチ バター含有量27.2%」

フィナンシェとは、フランス語で金融家というような意味があり、本来は金の延べ棒の形をしたお菓子です。しかしその常識を崩しキューブ状にしました。作り方はいたってシンプルで、砂糖、粉類、アーモンドパウダーを混ぜそこに卵白を加えていきます。そして、通常は焦がしたバターを加えるのですが、良質な“ル ガール”バターの香りを楽しんでもらいたいという想いがあり、あえて焦がしていない溶かしただけのバターを加えています。キューブの型に流し込み、ふたをしてオーブンに入ったフィナンシェは、上下がこんがりときつね色になるまでじっくり焼き上げます。

「マドレーヌ ヴォルコン バターリッチ バター含有量20.9%」

マドレーヌの作り方はまず、砂糖と粉類を合わせ、そこに卵を加えグルテンがでるまでしっかりと混ぜていきます。そこに温めておいたハチミツとバターを加え混ぜれば生地の完成です。しかしすぐにオーブンには入れません。焼き上がりの形を揃えるために、出来た生地は少し休ませてから型に流し込みます。一般的にマドレーヌとは貝殻の形をした焼き菓子ですが、あえてキューブ型に流し込んだ生地は、オーブンで焼かれると徐々に真上に膨らんでいきヴォルコンの名の通りまるで噴火したような形になります。

「ローズ カステラ」

たっぷりのメレンゲを立てるとこから始まるこの菓子は、食感がとても特徴的なカステラです。フワフワに立てたメレンゲに粗刻みにしたホワイトチョコレート、“ル ガール”バター、もっちりとした食感を生む米粉、上品で華やかな香りのローズウォーターを順々に加えていきます。メレンゲの泡を潰さないように最初から最後まで丁寧に丁寧に混ぜ合わせていくことが作り方のポイントです。出来た生地はオリジナルの型に流し込み、40分程オーブンでじっくり焼き上げれば、バターとバラの香りが特徴のとても上品な焼き菓子が出来上がります。

「パウンドケーキ　塩キャラメル&ショコラ」

ブルターニュを代表する菓子の1つが塩キャラメルです。まずは自家製の塩キャラメルを作ります。グラニュー糖を少し苦くなるまで焦がしたらゲラントの塩を加え冷やし固めて細かく砕きます。次にパウンド生地を作っていきます。ポマード状にやわらかくしたバターに、砂糖、ラムペーストを入れます。さらにアーモンドパウダー、卵、粉類を順々に加え混ぜ合わせた後、生地を落ち着かせるため1晩休ませます。翌日パウンド生地をミキサーで戻して少し柔らかくしてから、そこに塩キャラメルと刻んだチョコレートを加え、生地を型に流し込みます。上にそぼろ状のクッキーを飾り、オーブンでじっくりと60分程焼き上げまだ温かさが残っているうちに、ラム酒風味のシロップをたっぷり染み込ませれば完成です。

「ガトー フロマージュ クレム」(プレーン)

“ル ガール”クリームチーズそのものの味や香りをダイレクトに感じることのできるケーキの1つです。砂糖と粉類に卵を混ぜ合わせ、クリームチーズに加えていきます。そこにたっぷりの生クリームを加え、ブレンダーを使って生地がしっかりつながるまで混ぜ合わせていきます。この工程を踏むことで食べたときの滑らかな食感が生まれます。型に流し込んだら、60分程オーブンで湯煎焼きします。

ほらよく見てて。ソフトクリームマシーンのレバーをぐいっと握って、くるくるくるんっと時計回りに3周半。らせんを追いつづけると頭も一緒に動いてしまうので、目が回らないよう気をつけて。コーンのうえに白い巻貝ができたら、牛のかたちのサブレをワッペンみたいにのせますよ。おまちどうさま、クレーム・ド・コルヌ。コルヌといえば日本の菓子パン・チョココルネを思い出しますが、すなわちコルヌは三角帽子に巻き上げた形のことをあらわします。クリームチーズとミルクの両方入った、濃くてなめらかなこのソフトクリームを、ブルターニュの岬の燈台みたいなスカイツリーのてっぺんに腰かけて、風に溶けたミルクのしずくをぽたぽた垂らして食べたなら、栄養満点、身体もシャッキリ。はい515円いただきます。

お店の正面のファサードはフランスで昔使われていた、懐かしいミルクポットの形です。（浅生ハルミン）

ラ フェ ミュルミュール 東京スカイツリータウン・ソラマチ店
東京都墨田区押上1丁目1番2号
東京スカイツリータウン・ソラマチ2F
tel 03-5809-7295　10:00〜21:00　不定休

WHOLE《ホール》 SQUARE《スクエア》

熊本・通町筋《とおりちょうすじ》

九州を本拠地とする食材商社の丸菱さんに、ルガールクリームチーズのプロセスタイプ（熟成を止め、リン酸塩を使用して柔らかく使い易くしたもの）の輸入エージェントになって頂いてかれこれ5年になります。其の間、驚くほど扱い数量を増やされているのは、まさしく大きな視野で市場を捉えられているからでしょう。日本ばかりでなく、本拠地九州の地の利を生かして、韓国や中国のにまで販路を広げらたかと思うと、スィートキッチンという国内ウェブサイトでの販売、更に一般に門戸を広げた本稿ホールスクエアというオシャレな業務用商品の市販店を開かれたり、と積極果敢なのです。西日本でルガールの名前を広げて頂いた原動力です。イータリー•ブランドのイートインもあり、楽しく過ごせる、熊本の新しい観光スポットです。

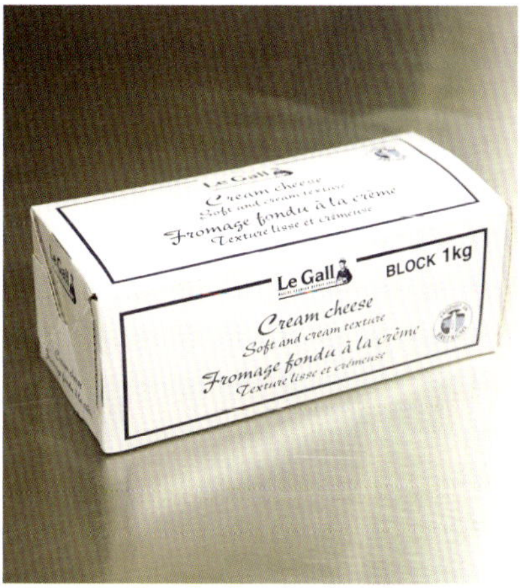

WHOLE SQUARE（ホールスクエア）
熊本県熊本市中央区上通町9-13 トーカンマンション1F
10:00〜22:00　無休　Tel 096-353-3441

ADEKA

日本の国産の原料乳製品、特にバターやクリームは世界的に見ても極めて高品質だけれども、押し並べて大変高額です。品質に見合う価格だと強弁する向きもあるでしょうが、それを放置しているだけでは、今日の日本で流通する国産の洋菓子や菓子パンの隆盛は無かった筈です。製菓製パンメーカーの創意工夫も去ること乍《なが》ら、それを支える機械メーカーや原料加工油脂メーカーの技術開発がなければ、クールジャパンなどと言って世界が見つめる日本の食品業界のこの活況は無かったのです。ADEKAさんは、日経上場企業欄では化学品のカテゴリーに収まっていて、一般消費者には馴染みは薄いかも知れませんが、実は業務用食用加工油脂の業界トップランナー。バターやクリームの風味を持ち乍ら植物油脂で様々な機能を具備した商品をたくさん開発なすっています。特にバターの基礎研究は、全世界のバターをサンプル調査され、乳業会社を凌ぐ程。SILLのバターを日本で最初にご評価頂いたのも、ADEKAさんで、1998年に遡ります。以来、ルガールバターは、ADEKAさんによって、実は既に広く日本の消費者に味わって頂いていることになります。ADEKAさんが、日本におけるルガールの起点です。

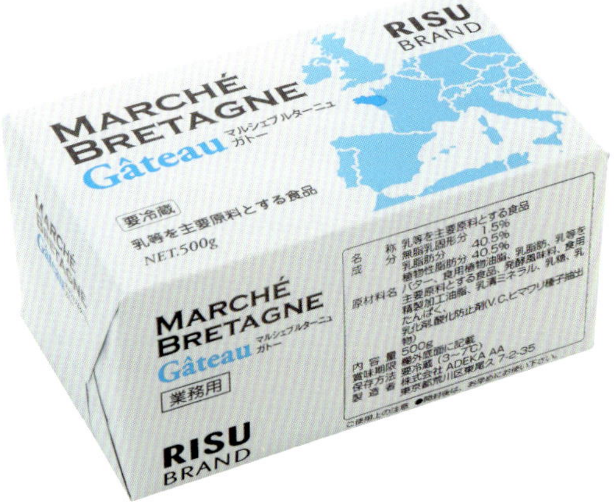

「マルシェブルターニュガトー」

○ 特長

•自然なバター風味を追求した高コンパウンドの乳等を主要原料とする食品です(ブルターニュ産バター配合)。

•半生菓子ではしっとりした食感が得られ、経日でパサつきや硬くなることがなく、おいしさが長持ちします。

•クリーミング性に優れており、焼き菓子にするとさっくりとした口どけの良い食感になります。

○ 用途　洋菓子

保管温度　要冷蔵(3~7℃)／荷姿 10kg段ボール(500gポンド×5本×4括り)／ご使用上の注意　開封後はお早めにお使いください。

写真提供: ADEKA

「エクストラオリンピア(スライス)」

○ 特長

•バターのおいしさを追求したこれまでにない上質な風味の折り込み油脂です。

•焼き立ての香りや味わいが持続します。

•作業性の改善、安定した品質の商品ができます。

○ 用途　製パン

保管温度／要冷蔵(3～7℃)荷姿　10kg段ボール(500g×10×2)／ご使用上の注意　開封後はお早めにお使いください。

「ケーク オ プランタン」

マルシュブルターニュガトー使用

「カシスポム」

エクストラオリンピア使用

column

冬バターとは?

冬季に生産されるバターをそう呼びます。蓄えておいたヘイ（干し草）を多く乳牛に食べさせるためにカロチンが低く白色が強くなる、と日本では言われていている冬バターですが、欧州、特にフランスでは、冬以外に生産されたバターとは区別してより高値の特別な市場を持っています。

フランスでは、飼料の主体が、放牧によるフレッシュな牧草からヘイに変わるのが概ね11月半ばで、ヘイから放牧に戻るのが概ね3月末です。ですから、年間で約4ヶ月間に搾乳された生乳を原料に生産されたバターが冬バターということになります。

冬バターは、他の季節に生産されたバターに比較し、ヨウ素値（IODINE VALUE）が格段に低いことが一番の特徴です。融点が高くより硬質のバターとでも言えましょうか。用途は、折パイの挟みバターが大半です。生地への練り込みバターと挟みバターを区別することで、焼成後のパイの浮きを大きくするという手法が、フランスの職人さんには伝承されているようです。

元々、生乳生産量の低い冬季に生産されるバターですから、通常その他の季節、特に4月から6月の搾乳最盛期のバターより高値が付くのは当たり前として、冬に生産されたものを、乳業会社やトレーダーが契約を基に最長で一年近く冷凍保管する訳ですから、コストが上がるのは仕方ない処です。

バターが世界一高価な日本では、バターだけで作られる折パイ（ばかりでなく焼き菓子全般）は、かなりの高値の商品になり、マジョリティーではありません。その代わり、バターと植物油を混合して価格を抑えたコンパウンドマーガリンの技術が大変進みました。「バターの味に加えて、求められる効用を植物脂肪で補う」というものです。日本で、焼き菓子やパンの包装の裏にある原料表記にバターと植物油があったとしたら、ほとんどのケースでこのコンパウンドマーガリンが使用されている、と思います。

ですから、冬バターの研究についても、日本では、乳業会社というよりも加工油脂メーカーの方が実用的に進んでいるように思われます。少なくとも、SILLのプルーヴィエン工場産のバターを最初に高くご評価いただいたADEKAさん（旧、旭電化工業）には、18年に及ぶ日本向けルガール・ブランドのバターの品質データがある筈なのです。

おわりに

「男子厨房に入るべからず」の母親と寝静まった頃にコソコソっと夜食を作る父親、どちらも昭和一桁生まれの両親の間に生まれ育った私は、至って食欲旺盛。20代半ばで商社に就職し食品部乳製品課に配属され、以来30年以上バターや脱脂粉乳やクリームチーズに綿々と関わって髪も白くなってしまいました。

1996年独立直後、旭電化工業さん（現、株式会社ADEKA）の研究所の奥富保雄さんに「よつ葉バターの品質に比肩するEUのバターを探せ」という命題を頂きました。文系の私に理系の初歩的な知識を教えてくだすった奥富さんは「国産バターの最大手はよつ葉さんであり、国内消費の嗜好もマジョリティーはよつ葉バターなのだ」という自論をお持ちでした。以来、ベンチマークとしてよつ葉さんのバターを携えEUの20箇所余りのバター工場を綿々と視察する日々。なかなか仕事は実りませんでしたが、日本製のバターが本場のバター製造現場も驚くほど高品質であることを実地で知りました。そして1998年11月末ブルターニュの西端フィニステールの冷たい雨にズブ濡れでSILLのプルーヴィエン工場を訪問した時「奥富ミッション」は完結します。40歳になっていました。

現在、SILLのルガール・ブランドの連続チャーン仕様のバターは生地やコンパウンドマーガリンやお菓子などバター換算で月々200トン以上が日本で消費され、また、クリームチーズは月間60トン以上が主にチーズケーキ用に日本で消費されています。原料乳のオリジンを商品個々に記す決まりはありませんから、一般消費者にルガール使用の有無を認知されることはないでしょう。「まずは食品メーカーの方々に試食していただかなければ」の一念で、メディアへの紹介やブランドとしての日本語版のブログ掲載なども極力避けて参りました。私の怠惰や時代錯誤もありますが、殆どが原材料としての体裁の商品で、ご採用頂いた各社の製品を差し置いて、その原料の何たるかを公にすることは憚れたからに他ありません。そんな中、ルガール・ブランドがリテール市場に知られるきっかけを作ってくだすったのがキルフェボンさんです。クリームチーズはもとより、多くのタルト生地にルガールのバターが使われているばかりでなく、バターそのものも販売して頂き、原料乳製品の如何なるかをお客さんに提示して頂きました。感謝に絶えません。

そもそも前発酵バターの非効率な生産は、効率だけを追えば論外です。しかし、試作のデニッシュパンや焼き菓子の目隠しテストでいつも高得点を取るのは、搾乳から製品までの時間が短い、前発酵＋連続チャーン仕様のバターを使ったもの。効率では満たされない日本人の味覚がそこにあるのではないでしょうか。少なくとも飽食の現代日本人の好む「バタ臭さ」の傾向だと思います。ただ、味覚は千差万別と常々戒めます。ですから「美味しい」などと無邪気に主張せず「コダワリ」などと不粋に披瀝せず、なるべく遠くから見て静かに語ることを心がけたつもりですが、上手い言葉を見つける前に脱稿期限になってしまいました。心苦しいばかりです。

1995年『超隠居術』を読んで私は独立を決意しました。運命のなんという悪戯か、その著者坂崎重盛さんと知遇を得て、時々酒宴にお付き合いするようになりました。「飲み仲間で本を出してないのは君だけですよ」浅草橋の煮込みをパクつきながら挑発されて何年経ったでしょう。兎に角、シゲモリ先生の御指南無くしてこの本は作れませんでした。私の愛読書『踏切趣味』の著者石田千さん、映画『私は猫ストーカー』原作者のイラストレーター浅生ハルミンさんお二方にも無理矢理ブルターニュにお付き合い願い、エッセーやイラストを寄せて頂き、不行き届きなムック本にハクを付けて頂きました。素早い撮影のフォトグラファー福尾美雪さん、沈着冷静の編集者古川史郎さんとの取材行は、近年最も楽しい旅でした。芸術新聞社の相澤正夫社長さんには我儘ばかり聞いて頂きました。みなさん有難うございました。

2015年桜花の盛りに

大澤 祥二

索引MAP

静岡県
p156　キルフェボン静岡

福岡県
p98　寿司つばさ
p106　ゑびす堂
p128　ビストロ ペシェミニヨン
p140　とりやき八
p148　pain stock

京都府
p143　メゾンド ヴァン鶉亭
p156　キルフェボン京都

東京都
p66　パティスリー ラ スプランドゥール
p74　ワインバー ぶしょん
p100　otto
p104　とんかつ自然坊
p108　ル マノアールダスティン
p116　季節の海産物と畑のフランス料理ヌキテパ
p150　ダイニングバー とら
p156　キルフェボン グランメゾン銀座
　　　キルフェボン 東京スカイツリータウン・ソラマチ店
p166　ラ フェ ミュルミュール

大阪府
p88　作一
p92　串の店 うえしま
p156　キルフェボン
　　　グランフロント大阪店

長崎県
p124　お菓子のアリタ

熊本県
p78　NINi
p94　フルーツカクテルバー しゃるまんばるーる
p114　ステーキ島崎
p174　WHOLE SQUARE

ルガール・ブランド商品の取扱について

バター250gの販売店

○ **キルフェボン**

- **仙台**（宮城県仙台市青葉区中央2-7-28 メルビル1F　tel 022-212-2152）
- **東京スカイツリータウン・ソラマチ店**
（東京都墨田区押上1丁目1番2号 東京スカイツリータウン・ソラマチ2F　tel 03-5610-5061）
- **グランメゾン銀座**（東京都中央区銀座2-5-4 ファサード銀座1F/B1F　tel 03-5159-0605）
- **青山**（東京都港区南青山3-18-5　tel 03-5414-7741）
- **横浜**（神奈川県横浜市西区南幸1-5-1 相鉄ジョイナス1F　tel 045-290-1685）
- **静岡**（静岡県静岡市葵区両替町2-4-15　tel 054-205-5678）
- **浜松**（静岡県浜松市中区池町222-18　tel 053-455-3019）
- **京都**（京都府京都市中京区木屋町通三条上ル恵比須橋角　tel 075-254-8580）
- **グランフロント大阪店**
（大阪府大阪市北区大深町4-20 グランフロント大阪 ショップ&レストラン 南館2F　tel 06-6485-7090）
- **あべのHoop店**（大阪府大阪市阿倍野区阿倍野筋1-2-30 あべのHoop1F　tel 06-6629-1800）
- **福岡**（福岡県福岡市中央区天神2-4-11 パシフィーク天神1F　tel 092-738-3370）
- **ウェブストア**　www.quil-fait-bon.com/webstore/

○ **ラ スプランドゥール**（東京都大田区南久が原2-1-20　tel 03-3752-5119）

バター25gの販売店

○ **ラ フェ ミュルミュール**
（東京都墨田区押上1丁目1番2号 東京スカイツリータウン・ソラマチ2F　tel 03-5809-7295）

クリームチーズ・プロセスタイプの販売店

○ **ホールスクエア**（熊本県熊本市上通町9-13 トーカンマンション1F　tel 096-353-3441）
○ **ウェブストア SWEET KITCHEN**（skweb.marubishi-group.co.jp）

クリームチーズ・ナチュラルタイプの販売店

○ **ラ フェ ミュルミュール**
（東京都墨田区押上1丁目1番2号 東京スカイツリータウン・ソラマチ2F　tel 03-5809-7295）

ルガールバター使用の業務用コンパウンドマーガリンの取扱について

マルシェ・ブルターニュとオリンピア

○ **株式会社ADEKA 食品企画部マーケティンググループ**
（東京都荒川区東尾久7-2-35　tel 03-4455-2880 担当 青木）

総合案内

（株）シエル（東京都大田区久が原3-39-3-520　tel 03-5700-7058　担当 大澤）

大澤祥二 *Osawa Shoji*

1958年東京都生まれ。株式会社シエル代表取締役。商社勤務を経て、1996年独立。フランス産乳製品ブランド「ルガール」の日本へのローカライズ、商品開発、天草産柑橘ブランド「浅海月」立ち上げ等、活動は多岐に渡る。

本書の編集に際しまして、下記の各店、各社のご協力を賜りました。
アリタ、うえしま、作一、島崎、シャトレーゼ、しゃるまんばるーる、寿司つばさ、とら、とりやき八、とんかつ自然坊、ヌキテパ、ぶしょん、ペシェミニヨン、丸菱、メゾンドヴァン鶉亭、ラ スプランドゥール、ラッシュ、ル マノアール ダスティン、ゑびす堂、ADEKA、NINi、otto、painstock、SILL（50音順）

Special thanks
ジル ファラハン、ジャクリーヌ キニュ、ジャン ロネ ブダン

ルガール
ブルターニュから、バターとクリームチーズの贈りもの

2015年4月25日　初版第1刷発行

編著者　大澤祥二
発行者　相澤正夫
発行所　芸術新聞社
〒101-0051
東京都千代田区神田神保町2-2-34 千代田三信ビル
電話　03-3263-1710（編集）
03-3263-1637（販売）
http://www.gei-shin.co.jp/

撮影　福尾美雪（カバー、p.65〜p.175）
装丁・本文組　坂川栄治+坂川朱音（坂川事務所）
印刷・製本　シナノ印刷株式会社

　ISBN 978-4-87586-435-6　Printed in Japan